微分積分入門

― 1 変数 ―

山形大学 数理科学科 編

東京 裳華房 発行

INTRODUCTION TO CALCULUS

— ONE VARIABLE —

edited by

DEPT. OF MATHEMATICAL SCIENCES
YAMAGATA UNIVERSITY

SHOKABO

TOKYO

は じ め に

　本書は大学の基礎教育における初年次の微分積分の教科書として編纂されたものであり，1変数関数に限定して記述されている．

　一方では大学入試の選抜方法の多様化傾向が一段と深まり，他方では高等学校の新しい学習指導要領が平成15年度から逐次実施され，大学が受け入れる学生の数学的素養も多様化しており，基礎教育における微分積分の授業内容にも工夫が求められている．

　山形大学では，入学初年次の学生を対象とした微分積分の授業を8クラス開講している．従来は授業担当者が個々に教科書を選定し使用してきたが，この度，同じ教科書を使用して授業を行うことが望ましいだろうとなった．そのための新しい教科書を我々自身で作成しよう，という結論に達し，数理科学科教員全員の協力によって本書が完成した．

　本書は全部で14節から成り，授業中に演習問題を解く時間を作りながら，1年間の授業で終了できるようにまとめてある．微分法の最初の4節および積分法の最初の3節の内容の大半は，高等学校の「数学Ⅱ」で導入され，「数学Ⅲ」で展開されているものである．この部分は，従来の微分積分の教科書では，もっと簡潔に記述するか省略する場合も見受けられたが，学生の数学的素養の多様化に対応して，高等学校で十分学習できなかった読者にも理解し易いように記述したものである．

　大学の基礎教育で微分積分を学ぶのは理工系および情報科学系の学生が中心であり，それらの学生にとって，微分積分は専門教育の基礎と位置づけられるものと思われる．このため，取り上げる題材にも配慮し，広義積分の節を設け特殊関数への導入を目指し，定積分の近似計算の節を設け対数や円周率の近似計算について解説し，定積分の応用としてフーリエ級数についての

節を設けた．また，整級数の項別積分・項別微分などについても解説し，最終節では基本的な常微分方程式の解法について解説してある．

　また，読者の自習と演習の便に供するため，本文中に多くの例題を配置し，各節末には練習問題をつけ，さらに巻末には補充問題を載せてある．その上，これらの問題に対する丁寧な解答も載せてある．解答に42ページの紙数を割いているのも本書の特色であろう．

　2004年9月

山形大学 数理科学科

目　次

§1. 数列と関数の極限 …………………………… 1
区間／数列とその極限／級数／関数とその極限／連続関数／左側極限値・右側極限値

§2. 微分係数と導関数 …………………………… 11
平均変化率と接線／微分可能性／微分係数／微分可能性と連続性／関数の和・差・積・商などの微分／合成関数の微分法／逆関数とその微分法／導関数

§3. 三角関数とその導関数 …………………………… 23
ラジアンの定義と円周率 π／三角関数の定義／三角関数の微分／三角関数の逆数関数と逆関数

§4. 指数関数と対数関数 …………………………… 34
巾指数と指数法則の拡張／指数関数／数列の極限としての e／指数関数の逆関数としての対数関数／対数関数の基本的性質／指数関数と対数関数の微分／対数微分／双曲線関数の定義と性質

§5. 関数の増減と平均値の定理 …………………………… 42
ロルの定理／平均値の定理／コーシーの平均値の定理／不定形の極限値／関数の増減と極値／極大と極小

§6. 高次導関数と関数の展開 …………………………… 53
2次導関数と関数の凹凸／高次導関数／テーラーの定理とマクローリンの定理／テーラー展開とマクローリン展開

§7. 連続関数の定積分 ………………………………… 62
  区分求積法／連続関数の積分可能性と定積分の性質／
  原始関数と不定積分

§8. 不定積分 ……………………………………………… 72
  不定積分／置換積分／部分積分／有理関数の積分／
  $\sqrt{ax^2+bx+c}$ を含む関数の積分

§9. 積分の応用 …………………………………………… 83
  図形の面積／回転体の体積／曲線の長さ／極座標表示
  された図形の面積

§10. 広義積分 ……………………………………………… 94
  有限区間上の広義積分／無限区間上の広義積分／広義
  積分の収束判定定理／ベータ関数／ガンマ関数

§11. 定積分の近似計算 …………………………………… 102
  中点公式／台形公式／シンプソンの公式／近似の誤差

§12. 数列と級数 …………………………………………… 110
  級数／絶対収束・条件収束／整級数／項別積分・項別
  微分

§13. フーリエ級数 ………………………………………… 121
  三角関数の直交性／三角多項式／フーリエ係数とフー
  リエ級数／三角多項式による近似／リーマン-ルベー
  グの定理／一意性の定理／区分的に連続および区分的
  に滑らか／フーリエ級数による関数の再現／フーリエ
  級数の応用例

§14. 微分方程式 …………………………………………… 131
  微分方程式／微分方程式の例／変数分離形／1階線形
  微分方程式／関数の一次独立／定数係数2階線形微分
  方程式

目　次　　　　　　　　　　　　　　　　　　vii

補充問題 …………………………………………… 141

付録 ………………………………………………… 152
　　　導関数表／原始関数表／三角関数の公式／ロピタルの
　　　定理に関して／定理 12.4（リーマン）の証明

解答とヒント ……………………………………… 157

索引 ………………………………………………… 199

§1. 数列と関数の極限

区間

実数全体の集合を記号で **R** と表す．自然数 $1, 2, 3, \cdots$ に対して $0, \pm 1, \pm 2, \cdots$ を整数という．また，2つの整数 p, q（ただし $q \neq 0$）の比 $\dfrac{p}{q}$ を有理数という．有理数と無理数の全体が **R** である．

実数 a, b（$a < b$）に対して $a \leqq x \leqq b$ を満たす実数 x の集合を**閉区間**といい，記号 $[a, b]$ で表す．一方 $a < x < b$ を満たす実数 x の集合を**開区間**といい (a, b) で表す．数直線上では，これらはそれぞれ両端点を含む線分と含まない線分で表される．また，片方の端点だけを含む線分を**半開区間**といい，記号 $[a, b)$ や $(a, b]$ で表す．すなわち

$$[a, b] = \{x : a \leqq x \leqq b\}, \qquad (a, b) = \{x : a < x < b\},$$
$$[a, b) = \{x : a \leqq x < b\}, \qquad (a, b] = \{x : a < x \leqq b\}.$$

ここに，ある性質 (P) を満たす実数 x の集合を記号で

$$\{x : x \text{ は性質 (P) を満たす}\}$$

と表している．さらに半直線

$$[a, \infty) = \{x : a \leqq x\}, \qquad (-\infty, b] = \{x : x \leqq b\},$$
$$(a, \infty) = \{x : a < x\}, \qquad (-\infty, b) = \{x : x < b\}$$

もまとめて，これらを**区間**という．実数全体の集合 **R** を $(-\infty, \infty)$ とも表し，**全区間**という．

数列とその極限

番号をつけて並べられた実数の列のことを**数列**といい

$$a_1, a_2, a_3, \cdots\cdots, a_n, \cdots\cdots$$

のように書き表す．このとき第 n 項 a_n を**一般項**という．数列は一般項を用いて $\{a_n\}$ と略記する．数列の項数を示す必要のある場合には添字を用いて表す．例えば，$a_1, a_2, \cdots$ は $\{a_n\}_{n=1}^{\infty}$ と表す．

例 1.1 （1） 隣り合う 2 つの項の差 $a_n - a_{n-1}$ が一定の値 d である数列 $\{a_n\}$ を**等差数列**という．一般項は $a_n = a_1 + (n-1)d$ と表される．

（2） 隣り合う 2 つの項の比 $\dfrac{a_n}{a_{n-1}}$ が一定の値 r である数列 $\{a_n\}$ を**等比数列**という．一般項は $a_n = a_1 r^{n-1}$ と表される． ◆

数列 $\{a_n\}$ において n を限りなく大きくするとき，a_n がある一定の値 a に限りなく近づくならば，数列 $\{a_n\}$ は a に**収束**するという．このことを記号で

$$\lim_{n\to\infty} a_n = a \quad \text{または} \quad a_n \to a \ (n\to\infty)$$

と表す．またこのとき，数列 $\{a_n\}$ の**極限値**は a であるという．収束しない数列は**発散**するという．発散する場合で n を限りなく大きくするとき a_n が限りなく大きくなれば

$$\lim_{n\to\infty} a_n = +\infty$$

と表し，数列 $\{a_n\}$ は**正の無限大に発散する**という．また $-a_n$ が限りなく大きくなれば

$$\lim_{n\to\infty} a_n = -\infty$$

と表し，数列 $\{a_n\}$ は**負の無限大に発散する**という．

※※※※※※※※※※※※※

定義から "数列 $\{a_n\}$ は収束しない ＝ 数列 $\{a_n\}$ は発散する" である．したがって，例えば振動する数列 $\{a_n\}$，$a_n = (-1)^n$，は収束しないので，発散する数列である．日常生活では "発散する" という言葉から $a_n \to +\infty$ を連想するかもしれないが，数学的には必ずしもそればかりではない．

※※※※※※※※※※※※※

§1. 数列と関数の極限

問 1.1 次の極限を求めよ．

(1) $\lim_{n\to\infty}(n^2 - 7n)$ (2) $\lim_{n\to\infty}\dfrac{n+5}{n^2+1}$

(3) $\lim_{n\to\infty}(\sqrt{n+1} - \sqrt{n})$ (4) $\lim_{n\to\infty} r^n$

数列の極限に関して次の定理が成り立つ．

定理 1.1 数列 $\{a_n\}, \{b_n\}$ および定数 a, b に対して $\lim_{n\to\infty} a_n = a$, $\lim_{n\to\infty} b_n = b$ とする．このとき次が成立する．

(1) $\lim_{n\to\infty}(a_n \pm b_n) = a \pm b$ （複号同順）

(2) $\lim_{n\to\infty} a_n b_n = ab$

(3) $b_n \neq 0$, $b \neq 0$ であれば $\lim_{n\to\infty}\dfrac{a_n}{b_n} = \dfrac{a}{b}$． ◇

また，**はさみうちの原理**といわれる次の定理が成立する．

定理 1.2 数列 $\{a_n\}, \{b_n\}$ および $\{c_n\}$ は各 n に対して $a_n \leqq c_n \leqq b_n$ を満たすとする．このとき $\lim_{n\to\infty} a_n = a$, $\lim_{n\to\infty} b_n = a$ が成立すれば $\lim_{n\to\infty} c_n = a$ である． ◇

例題 1.1 定数 a に対して $\lim_{n\to\infty}\dfrac{a^n}{n!} = 0$ が成立することを示せ．

【解】 $a = 0$ の場合は明らかである．次に $a > 0$ とし，自然数 N を $N+1 > 2a$ となるようにとり固定する．このとき $n > N$ なる自然数 n に対して

$$\frac{a^n}{n!} = \frac{a}{1}\cdot\frac{a}{2}\cdot\frac{a}{3}\cdots\frac{a}{N}\cdot\frac{a}{N+1}\cdots\frac{a}{n}$$

$$\leqq \frac{a^N}{N!}\cdot\frac{1}{2}\cdots\frac{1}{2} = \frac{a^N}{N!}\cdot\left(\frac{1}{2}\right)^{n-N} = \frac{(2a)^N}{N!}\cdot\frac{1}{2^n}$$

となる．ここで $0 \leqq \dfrac{a^n}{n!}$ かつ $\lim_{n\to\infty}\dfrac{1}{2^n} = 0$ だから，はさみうちの原理より，求める結果を得る．

一方，$a < 0$ の場合は $|a| > 0$ だから

$$\lim_{n\to\infty}\left|\frac{a^n}{n!}\right| = \lim_{n\to\infty}\frac{|a|^n}{n!} = 0$$

となるので，やはり求める結果が得られる． ◆

数列 $\{a_n\}$ において $a_n \leqq a_{n+1}$（または $a_n \geqq a_{n+1}$）であるとき，**単調増加数列**(または**単調減少数列**)という．これらをまとめて**単調数列**という．また，ある定数 K が存在して $|a_n| \leqq K$（$n=1,2,3,\cdots$）であるとき，この数列は**有界**であるという．

実数の体系は，次の重要な性質をもつことが知られている．

定理 1.3 有界な単調数列は収束する． ◇

級数

数列 $\{a_n\}$ に対して，形式的な無限和 $a_1+a_2+a_3+\cdots\cdots$ を**級数**といい，記号で $\sum_{n=1}^{\infty} a_n$ と表す．また数列 $\{a_n\}$ の第 1 項から第 n 項までの和

$$S_n = \sum_{k=1}^{n} a_k$$

をこの級数の**第 n 部分和**という（上の式では，n を和の項数を表すことに使うため，$\{a_n\}$ の一般項を表す指標に k を用いている）．

例 1.2 等差数列 $\{a_n\}$，$a_n = a+(n-1)d$，に対して，第 n 部分和 S_n は

$$S_n = \frac{n\{2a+(n-1)d\}}{2}$$

である．また，等比数列 $\{a_n\}$，$a_n = ar^{n-1}$（$r \neq 1$），に対しては

$$S_n = \frac{a(1-r^n)}{1-r}$$

である． ◆

問 1.2 等差数列および等比数列に対して，第 n 部分和 S_n がそれぞれ上の例で与えた値になることを示せ．

第 n 部分和からなる数列 $\{S_n\}$ が S に収束するとき，級数 $\sum_{n=1}^{\infty} a_n$ は**収束する**といい，極限値 S をその**和**という．このとき記号で

$$S = \sum_{n=1}^{\infty} a_n$$

と表す．数列 $\{S_n\}$ が収束しないとき，級数は **発散** するという．特に $\lim_{n\to\infty} S_n = +\infty$ や $\lim_{n\to\infty} S_n = -\infty$ のときは，それぞれ

$$\sum_{n=1}^{\infty} a_n = +\infty, \qquad \sum_{n=1}^{\infty} a_n = -\infty$$

と表し，正の無限大，負の無限大に発散するという．

例題 1.2 （1） 級数 $\sum_{n=1}^{\infty} \dfrac{(-1)^{n-1}}{n}$ は収束することを示せ．

（2） 級数 $\sum_{n=1}^{\infty} \dfrac{1}{n}$ は正の無限大に発散することを示せ．

【解】（1） 偶数番目までの部分和の列 $\{S_{2n}\}$ および奇数番目までの部分和の列 $\{S_{2n-1}\}$ を考えれば

$$S_2 < S_4 < S_6 < \cdots\cdots, \qquad S_1 > S_3 > S_5 > \cdots\cdots$$

となることがわかる．さらに

$$S_1 \geqq S_{2n-1} > S_{2n} \geqq S_2$$

であるから，定理 1.3 より数列 $\{S_{2n}\}$ および $\{S_{2n-1}\}$ は収束する．一方，$|S_{2n} - S_{2n-1}| = \dfrac{1}{2n} \to 0 \ (n \to \infty)$ であるから，これら 2 つの数列は同じ値に収束することがわかる．よって，与えられた級数は収束する．

（2） 自然数 k に対して，不等式 $2^{k-1} < n \leqq 2^k$ を満たす自然数 n を考える．このような n に対しては $\dfrac{1}{n} \geqq \dfrac{1}{2^k}$ であるので

$$\sum_{n=2^{k-1}+1}^{2^k} \frac{1}{n} \geqq \sum_{n=2^{k-1}+1}^{2^k} \frac{1}{2^k}$$

$$= (2^k - 2^{k-1}) \cdot \frac{1}{2^k} = \frac{1}{2}$$

となる．したがって，第 2^ℓ 部分和 S_{2^ℓ} に対して

$$S_{2^\ell} = \sum_{n=1}^{2^\ell} \frac{1}{n} = 1 + \sum_{k=1}^{\ell} \sum_{n=2^{k-1}+1}^{2^k} \frac{1}{n}$$

$$\geqq 1 + \sum_{k=1}^{\ell} \frac{1}{2} = 1 + \frac{1}{2} \cdot \ell$$

が成立し $\lim_{\ell\to\infty} S_{2^\ell} = +\infty$ となる．さらに数列 $\{S_n\}$ は単調増加であるから $\lim_{n\to\infty} S_n = \infty$ が得られ

$$\sum_{n=1}^{\infty} \frac{1}{n} = +\infty$$

となる． ◆

問 1.3 次の級数 $\sum_{n=1}^{\infty} a_n$ の収束・発散を調べよ．ただし a, d, r は 0 でない定数とする．

(1) $a_n = (-1)^{n-1}$ (2) $a_n = \dfrac{n}{n+1}$

(3) $a_n = a + (n-1)d$ (4) $a_n = ar^{n-1}$

関数とその極限

実数全体の集合 **R** の部分集合 E の各要素 x に対して，ただ 1 つの実数 y が対応しているとき，この対応を**関数**といい，記号で

$$y = f(x), \quad f(x) \quad \text{または単に} \quad f$$

などと表す．重要なことは，変数 x に対して，対応する値 $f(x)$ がただ 1 つ決まるということである．このとき集合 E を関数 f の**定義域**，集合 $f(E) = \{f(x) : x$ は E の要素$\}$ を関数 f の**値域**という．

関数の定義域としては，閉区間，開区間，半開区間，半直線または全区間など，区間を考えることが多い．また関数 f は，その値域が ある閉区間 $[a, b]$ に含まれるとき，**有界**であるという．

関数 $f(x)$ において，点 a と異なる値をとりながら a に収束するどのような数列 $\{x_n\}$ に対しても，数列 $\{f(x_n)\}$ が一定値 A に収束するならば

$$\lim_{x \to a} f(x) = A \quad \text{または} \quad f(x) \to A \quad (x \to a)$$

と表す．このとき A を $x \to a$ のときの $f(x)$ の**極限値**という．

例えば，関数 $f(x) = x^2$ に対して $\lim_{x \to 2} f(x) = 4$ である．この場合，極限値 4 は $f(x)$ の $x = 2$ における値と同じであるが，一般には $\lim_{x \to a} f(x)$ と $f(a)$ の値が一致するとは限らない．

関数 $f(x)$ において，無限大に発散するどのような数列 $\{x_n\}$ に対しても，数列 $\{f(x_n)\}$ が一定の値 A に収束するならば

$$\lim_{x \to \infty} f(x) = A \quad \text{または} \quad f(x) \to A \quad (x \to \infty)$$

と表す．このとき，A を $x \to \infty$ のときの $f(x)$ の極限値という．また，無

限大に発散するどのような数列 $\{x_n\}$ に対しても，数列 $\{f(x_n)\}$ が正の無限大に発散するならば

$$\lim_{x\to\infty} f(x) = \infty \quad \text{または} \quad f(x) \to \infty \quad (x\to\infty)$$

と表し，$x\to\infty$ のとき $f(x)$ は<u>正の無限大に発散する</u>という．

全く同様に

$$\lim_{x\to a} f(x) = \infty, \quad \lim_{x\to a} f(x) = -\infty,$$
$$\lim_{x\to -\infty} f(x) = \infty, \quad \lim_{x\to -\infty} f(x) = -\infty$$

なども定義される．

数列の和・差・積・商の極限に関する定理と同様のことが関数の和・差・積・商の極限に関して成立する．すなわち，

定理 1.4 関数 $f(x)$, $g(x)$ および定数 A, B に対して $\lim_{x\to a} f(x) = A$, $\lim_{x\to a} g(x) = B$ とする．このとき次が成立する．

(1) $\lim_{x\to a}(f(x) \pm g(x)) = A \pm B$ （複号同順）

(2) $\lim_{x\to a} f(x)\,g(x) = AB$

(3) $g(x) \neq 0$, $B \neq 0$ ならば $\lim_{x\to a} \dfrac{f(x)}{g(x)} = \dfrac{A}{B}$. ◇

問 1.4 次の極限値を求めよ．

(1) $\displaystyle\lim_{x\to 1} \frac{2x^2+x+1}{x+1}$ (2) $\displaystyle\lim_{x\to 1} \frac{x^3-1}{x-1}$ (3) $\displaystyle\lim_{x\to 1} \frac{x-1}{\sqrt{x+3}-2}$

連続関数

関数 $f(x)$ は点 a を含むある区間 I で定義されているとする．このとき

$$\lim_{x\to a} f(x) = f(a)$$

となるならば，関数 $f(x)$ は $x = a$ で**連続**であるという．また，区間 I の各点で連続であるとき $f(x)$ は I で連続であるという．

例えば，関数 $f(x) = x^2$ は全区間 $(-\infty, \infty)$ で連続である．

関数の和・差・積・商の極限に関する定理 1.4 から次がわかる．

定理 1.5 関数 $f(x), g(x)$ は区間 I で連続であるとする．このとき，関数 $f(x) \pm g(x)$, $f(x)g(x)$ は区間 I で連続である．さらに $g(x) \neq 0$ であれば $\dfrac{f(x)}{g(x)}$ も区間 I で連続である． ◇

関数 $f(x)$ が $x = a$ で連続ではないとき，$f(x)$ は $x = a$ で**不連続**であるという．関数 $f(x)$ が $x = a$ で不連続のとき，定義から

（1） $\lim\limits_{x \to a} f(x)$ は存在しない，

（2） $\lim\limits_{x \to a} f(x)$ は存在するが $\lim\limits_{x \to a} f(x) \neq f(a)$ である，

のいずれかが成立する．

例 1.3 関数 $f(x)$ を次で定義する．
$$f(x) = \begin{cases} 0 & (x \leq 0), \\ 1 & (x > 0). \end{cases}$$
この関数は $x > 0$ の範囲で x が 0 に近づけば 1 に収束し，$x < 0$ の範囲で x が 0 に近づけば 0 に収束するので，$\lim\limits_{x \to 0} f(x)$ は存在しない．したがって $f(x)$ は $x = 0$ で不連続であることがわかる． ◆

連続関数に対して，次の定理が成り立つ．

定理 1.6（中間値の定理） 関数 $f(x)$ は閉区間 $[a, b]$ において連続とする．このとき，$f(a)$ と $f(b)$ の間にある任意の ξ に対して (a, b) の点 c で $\xi = f(c)$ を満たすものが存在する． ◇

定理 1.7 関数 $f(x)$ は閉区間 $[a, b]$ において連続とする．このとき，$f(x)$ は $[a, b]$ でそれぞれ最大値，最小値をとる．すなわち $[a, b]$ の点 c, d で $f(d) \leq f(x) \leq f(c)$（$a \leq x \leq b$）を満たすものが存在する． ◇

これらの定理の証明は省略する．

左側極限値・右側極限値

前ページの例で見たように，変数 x がある値 a より大きい値をとりながら a に近づくとき $f(x)$ の極限値が存在する場合がある．そこで，この極限値を a における関数 $f(x)$ の**右側極限値**といい，$f(a+0)$ と書く．

また，x がある値 a より小さい値をとりながら a に近づくとき $f(x)$ の極限値が存在する場合もある．この極限値を a における関数 $f(x)$ の**左側極限値**といい，$f(a-0)$ と書く．さらにこれらを記号で

$$f(a+0) = \lim_{x \to a+0} f(x), \qquad f(a-0) = \lim_{x \to a-0} f(x)$$

と表す．特に $a = 0$ のとき $a+0$，$a-0$ をそれぞれ単に $+0$，-0 と書く．

例 1.4 関数 $f(x)$ を次で定義する．

$$f(x) = \begin{cases} \dfrac{|x|}{x} & (x \neq 0), \\ 0 & (x = 0). \end{cases}$$

この関数は $x > 0$ のとき $f(x) = 1$ で $x < 0$ のとき $f(x) = -1$ となっているので

$$f(+0) = \lim_{x \to +0} f(x) = 1, \qquad f(-0) = \lim_{x \to -0} f(x) = -1$$

である．よって $x = 0$ で $f(+0) \neq f(-0)$，$f(+0) \neq f(0)$，$f(-0) \neq f(0)$ が成立している．◆

関数 $f(x)$ において $f(a+0) = f(a)$ であるとき $x = a$ で**右側連続**であるといい，$f(a-0) = f(a)$ であるとき $x = a$ で**左側連続**であるという．$x = a$ で右側かつ左側連続であれば，関数 $f(x)$ は $x = a$ で連続である．

問 1.5 次の関数 $f(x)$ に対して $f(+0)$ および $f(-0)$ を求めよ．

$$f(x) = \begin{cases} x + 1 & (x \leq 0), \\ x - 1 & (x > 0). \end{cases}$$

練習問題 1

1. 次の数列 $\{a_n\}$ の極限値 $\lim_{n\to\infty} a_n$ を求めよ.

(1) $a_n = \dfrac{(-1)^n}{n}$ 　　(2) $a_n = \dfrac{n+1}{n}$

(3) $a_n = \dfrac{3^n - 5^n}{5^n}$ 　　(4) $a_n = \left(1 + \dfrac{1}{n}\right)\left(3 + \dfrac{1}{n^2}\right)$

(5) $a_n = \sqrt{n}(\sqrt{n+1} - \sqrt{n})$

2. 数列 $\{a_n\}$, $a_n = \dfrac{1}{n(n+1)}$, に対して第 n 部分和 S_n を求めよ. また級数 $\sum_{n=1}^{\infty} a_n$ の和を求めよ.

3. 次の関数の極限値を求めよ.

(1) $\lim_{x\to 2}(3x^2 + x + 6)$ 　　(2) $\lim_{x\to 1}\dfrac{x}{(x+1)^2}$

(3) $\lim_{x\to\infty}(\sqrt{x^2+1} - x)$ 　　(4) $\lim_{x\to 2}\dfrac{x-2}{x^2-5x+6}$

(5) $\lim_{x\to -2}\dfrac{x^2-2x-8}{x^2+7x+10}$

4. 実数 x に対して, x を超えない最大整数を $[\,x\,]$ で表す. 関数 $f(x) = [\,x\,]$ は整数の点で右側連続であるが左側連続ではないことを示せ. また, 整数点以外では連続であることを示せ.

§2. 微分係数と導関数

平均変化率と接線

$f(x)$ を関数とし，a と b を異なる数とする．x が a から b まで変化するとき，$f(x)$ は $f(a)$ から $f(b)$ まで変化する．a と b の間での $f(x)$ の変化量の平均値 $\dfrac{f(x) \text{ の変化量}}{x \text{ の変化量}}$ は $\dfrac{f(b)-f(a)}{b-a}$ である．$\dfrac{f(b)-f(a)}{b-a}$ を a と b の間での $f(x)$ の**平均変化率**という．この平均変化率は $f(x)$ のグラフ上の 2 点 $\mathrm{P}(a, f(a))$ と $\mathrm{Q}(b, f(b))$ を通る直線 PQ の傾きに等しい．

直線 PQ の方程式を求めよう．一般に，点 (a, k) を通り傾き m の直線の方程式は $y = m(x-a) + k$ で与えられる．直線 PQ は点 $\mathrm{P}(a, f(a))$ を通り，傾きは $\dfrac{f(b)-f(a)}{b-a}$ である．よって直線 PQ の方程式は

$$y = \frac{f(b)-f(a)}{b-a}(x-a) + f(a) \qquad (*)$$

である．

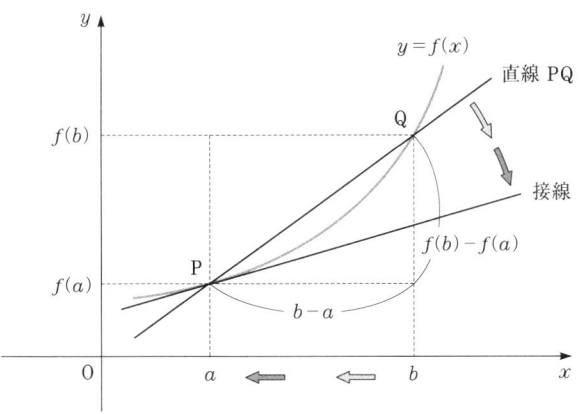

$y = f(x)$ のグラフ上の点 $\mathrm{P}(a, f(a))$ における接線の方程式を求めよう．グラフに沿って Q を P に近づけるとき，直線 PQ が近づいていく極限の位置にある直線として接線は特徴づけられる．b を a に近づけると Q はグラフに沿って移動し P に近づく．直線 PQ の方程式は前ページの式 (*) である．したがって，極限値 $\lim_{b \to a} \dfrac{f(b) - f(a)}{b - a}$ が存在するとき，接線の方程式は

$$y = m(x - a) + f(a), \qquad m = \lim_{b \to a} \frac{f(b) - f(a)}{b - a}$$

で与えられる．

微分可能性

関数 $f(x)$ について，極限値 $\lim_{x \to a} \dfrac{f(x) - f(a)}{x - a}$ が存在するとき，$f(x)$ は $x = a$ において**微分可能**であるといい，この極限値を $f'(a)$ で表す．次はどれも同じ極限値を表す記号である．

$$\lim_{x \to a} \frac{f(x) - f(a)}{x - a}, \qquad \lim_{b \to a} \frac{f(b) - f(a)}{b - a}, \qquad \lim_{h \to 0} \frac{f(a + h) - f(a)}{h}.$$

例題 2.1 関数 $f(x) = x^2$ は任意の $x = a$ において微分可能であることを示せ．

【解】 a と異なる x について，$x - a \neq 0$ だから，

$$\frac{f(x) - f(a)}{x - a} = \frac{x^2 - a^2}{x - a} = x + a$$

である．よって，極限値 $\lim_{x \to a} \dfrac{f(x) - a^2}{x - a}$ は存在する（$2a$ に等しい）．したがって，$f(x)$ は $x = a$ において微分可能である．◆

例題 2.2 関数 $f(x)$ を

$$f(x) = \begin{cases} 2x - 3 & (x \geq 2), \\ \dfrac{x + 3}{5} & (x < 2) \end{cases}$$

で定める．$f(x)$ は $x = 2$ において微分可能でないことを示せ．

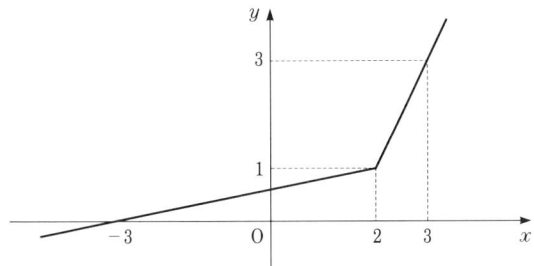

【解】 $x \to 2$ のときの右側極限値，左側極限値はそれぞれ

$$\lim_{x \to 2+0} \frac{f(x) - f(2)}{x - 2} = 2, \quad \lim_{x \to 2-0} \frac{f(x) - f(2)}{x - 2} = \frac{1}{5}$$

である．右側極限値と左側極限値が異なるから極限値 $\lim_{x \to 2} \frac{f(x) - f(2)}{x - 2}$ は存在しない．よって，$f(x)$ は $x = 2$ において微分可能でない． ◆

微分係数

関数 $f(x)$ は $x = a$ において微分可能とする．定義より極限値

$$f'(a) = \lim_{x \to a} \frac{f(x) - f(a)}{x - a}$$

が存在する．$f'(a)$ を $x = a$ における $f(x)$ の**微分係数**という．

例題 2.3 関数 $f(x) = x^n$ ($n = 2, 3, \cdots$) は任意の $x = a$ において微分可能であり，$f'(a) = na^{n-1}$ となることを示せ．

【解】 $x^n - a^n = (x - a)(x^{n-1} + ax^{n-2} + a^2 x^{n-3} + \cdots + a^{n-2}x + a^{n-1})$
だから

$$\lim_{x \to a} \frac{x^n - a^n}{x - a} = \lim_{x \to a} (x^{n-1} + ax^{n-2} + a^2 x^{n-3} + \cdots + a^{n-2}x + a^{n-1})$$
$$= na^{n-1}$$

である． ◆

§2. 微分係数と導関数

例題 2.4 関数 $f(x) = \sqrt{x}$ ($x \geq 0$) について，微分係数 $f'(3)$ を求めよ．

【解】
$$f'(3) = \lim_{x \to 3} \frac{f(x) - f(3)}{x - 3} = \lim_{x \to 3} \frac{\sqrt{x} - \sqrt{3}}{x - 3}$$
$$= \lim_{x \to 3} \frac{(\sqrt{x} - \sqrt{3})(\sqrt{x} + \sqrt{3})}{(x - 3)(\sqrt{x} + \sqrt{3})} = \lim_{x \to 3} \frac{x - 3}{(x - 3)(\sqrt{x} + \sqrt{3})}$$
$$= \lim_{x \to 3} \frac{1}{\sqrt{x} + \sqrt{3}} = \frac{1}{\sqrt{3} + \sqrt{3}} = \frac{1}{2\sqrt{3}}. \quad \blacklozenge$$

問 2.1 関数 $f(x) = \sqrt{2x + 1}$ $\left(x \geq -\dfrac{1}{2}\right)$ について，微分係数 $f'(1)$ を求めよ．

問 2.2 関数 $f(x) = \dfrac{1}{\sqrt{x}}$ ($x > 0$) について，微分係数 $f'(4)$ を求めよ．

微分可能性と連続性

定理 2.1 関数 $f(x)$ は $x = a$ において微分可能とする．このとき
$$\lim_{x \to a} f(x) = f(a)$$
が成り立つ．すなわち，$f(x)$ は微分可能な点で連続である．

[証明] a と異なる x について，$x - a \neq 0$ だから
$$f(x) = \frac{f(x) - f(a)}{x - a}(x - a) + f(a) \qquad (1)$$
が成り立つ．ここで x を a に近づける．$f(x)$ は $x = a$ において微分可能であるから $\dfrac{f(x) - f(a)}{x - a}$ は $f'(a)$ に近づく．また $x - a$ は 0 に近づく．よって式 (1) の右辺は $f'(a) \times 0 + f(a) = f(a)$ に近づく．したがって式 (1) の左辺も $f(a)$ に近づく，つまり
$$\lim_{x \to a} f(x) = f(a)$$
が成り立つ．$\diamondsuit$

関数の和・差・積・商などの微分

$f(x)$, $g(x)$ を関数とする．c を定数とする．$(f+g)(x) = f(x) + g(x)$ で定められる関数 $(f+g)(x)$ を $f(x)$ と $g(x)$ の**和**という．同様に，$(f-g)(x) = f(x) - g(x)$ で定められる関数 $(f-g)(x)$ を $f(x)$ と $g(x)$ の**差**という．$(cf)(x) = cf(x)\,(= c(f(x)))$ で定められる関数 $(cf)(x)$ を $f(x)$ を **c 倍**した関数という．$(fg)(x) = f(x)g(x)$ で定められる関数 $(fg)(x)$ を $f(x)$ と $g(x)$ の**積**という．$\left(\dfrac{f}{g}\right)(x) = \dfrac{f(x)}{g(x)}$ で定められる関数 $\left(\dfrac{f}{g}\right)(x)$ を $f(x)$ と $g(x)$ の**商**という．(商を考えるときには定義域内のすべての x において $g(x)$ は 0 でないものとする.)

定理 2.2 関数 $f(x)$ と $g(x)$ はともに $x = a$ において微分可能とする．このとき，$(f+g)(x)$, $(f-g)(x)$, $(cf)(x)$, $(fg)(x)$, および $\left(\dfrac{f}{g}\right)(x)$ は $x = a$ において微分可能である．さらに，これらの微分係数について次が成り立つ．

(1) $(f+g)'(a) = f'(a) + g'(a)$

(2) $(f-g)'(a) = f'(a) - g'(a)$

(3) $(cf)'(a) = cf'(a)$

(4) $(fg)'(a) = f'(a)g(a) + f(a)g'(a)$

(5) $\left(\dfrac{f}{g}\right)'(a) = \dfrac{f'(a)g(a) - f(a)g'(a)}{(g(a))^2}$.

[証明] 和と積についてのみ証明する．a と異なる x に対して，次のように式を変形する．

(1) $\dfrac{(f+g)(x) - (f+g)(a)}{x-a} = \dfrac{(f(x) + g(x)) - (f(a) + g(a))}{x-a}$

$= \dfrac{(f(x) - f(a)) + (g(x) - g(a))}{x-a}$

$= \dfrac{f(x) - f(a)}{x-a} + \dfrac{g(x) - g(a)}{x-a}$,

(4) $$\frac{(fg)(x)-(fg)(a)}{x-a} = \frac{f(x)g(x)-f(a)g(a)}{x-a}$$
$$= \frac{(f(x)-f(a))g(x)+f(a)(g(x)-g(a))}{x-a}$$
$$= \frac{f(x)-f(a)}{x-a}g(x) + f(a)\frac{g(x)-g(a)}{x-a}.$$

ここで x を a に近づける．$f(x)$ は $x=a$ において微分可能であるから $\dfrac{f(x)-f(a)}{x-a}$ は $f'(a)$ に近づく．$g(x)$ は $x=a$ において微分可能であるから $\dfrac{g(x)-g(a)}{x-a}$ は $g'(a)$ に近づく．また，$g(x)$ は $g(a)$ に近づく (定理 2.1 より)．したがって (1), (4) の各式の最後の項はそれぞれ $f'(a) + g'(a)$, $f'(a)g(a) + f(a)g'(a)$ に近づく．これより結論を得る． ◇

問 2.3 定理 2.2 の 差，c 倍，商 の部分を証明せよ．

問 2.4 関数 $f(x) = (5x^3 + x^2 - 2x + 1)^4$ は任意の $x=a$ において微分可能であることを証明せよ．

問 2.5 関数 $f(x) = \dfrac{3x+2}{x^4+1}$ は任意の $x=a$ において微分可能であることを証明せよ．

合成関数の微分法

$f(x)$, $g(x)$ を関数とする．$(g \circ f)(x) = g(f(x))$ で定められる関数 $(g \circ f)(x)$ を $f(x)$ と $g(x)$ の**合成関数**という．

定理 2.3 関数 $f(x)$ は $x=a$ において微分可能とする．関数 $g(x)$ は $x=f(a)$ において微分可能とする．このとき，合成関数 $(g \circ f)(x)$ は $x=a$ において微分可能であり，その微分係数について次が成り立つ．
$$(g \circ f)'(a) = g'(f(a))f'(a).$$

[証明] 最初に $f(x)$ が条件

 "a と異なるすべての x について $f(x)$ は $f(a)$ と異なる" (∗)

を満たす場合について証明する．次に一般の場合，つまり $f(x)$ がこの条件を満たすとは限らない場合について証明する．

[I] $f(x)$ が条件 (∗) を満たす場合：a と異なる x について $x-a\neq 0$ であり，条件 (∗) より $f(x)-f(a)\neq 0$ である．次のように式を変形する．

$$\frac{(g\circ f)(x)-(g\circ f)(a)}{x-a}=\frac{g(f(x))-g(f(a))}{x-a}$$
$$=\frac{g(f(x))-g(f(a))}{f(x)-f(a)}\cdot\frac{f(x)-f(a)}{x-a} \qquad (1)$$

ここで x を a に近づける．$f(x)$ は $x=a$ において微分可能であるから $\dfrac{f(x)-f(a)}{x-a}$ は $f'(a)$ に近づく．また，$f(x)$ は $f(a)$ に近づく（定理 2.1 より）．$g(x)$ は $x=f(a)$ において微分可能であり，$f(x)$ が $f(a)$ に近づくから $\dfrac{g(f(x))-g(f(a))}{f(x)-f(a)}$ は $g'(f(a))$ に近づく．よって式 (1) の最後の項，すなわち最初の項も $g'(f(a))f'(a)$ に近づく．これより結論を得る．

[II] 一般の場合：関数 $\varphi(t)$ を

$$\varphi(t)=\begin{cases}\dfrac{g(t)-g(f(a))}{t-f(a)} & (t\neq f(a)),\\ g'(f(a)) & (t=f(a))\end{cases}$$

で定める．$g(x)$ は $x=f(a)$ において微分可能であるから，t が $f(a)$ に近づくとき $\dfrac{g(t)-g(f(a))}{t-f(a)}$ は $g'(f(a))$ に近づく．つまり t が $f(a)$ に近づくとき $\varphi(t)$ は $g'(f(a))$ に近づく．また，t が $f(a)$ に一致するとき $\varphi(t)$ は $g'(f(a))$ に一致する．よって，t が ($f(a)$ に一致することも許して) $f(a)$ に近づくとき，$\varphi(t)$ は ($g'(f(a))$ に一致することも許して) $g'(f(a))$ に近づく．a と異なる x について，$x-a\neq 0$ であり，

$$\frac{g(f(x))-g(f(a))}{x-a}=\varphi(f(x))\cdot\frac{f(x)-f(a)}{x-a} \qquad (2)$$

が成り立つ．なぜなら $f(x)=f(a)$ のときはこの式の左辺も右辺も 0 となるから等号は成り立ち，$f(x)\neq f(a)$ のときは $\varphi(t)$ の定義より等号が成り立つからである．ここで x を a に近づける．$f(x)$ は $x=a$ において微

分可能であるから $\dfrac{f(x)-f(a)}{x-a}$ は $f'(a)$ に近づく．また，$f(x)$ は $f(a)$ に近づく（定理 2.1 より）．$f(x)$ が（$f(a)$ に一致することも許して）$f(a)$ に近づくから，$\varphi(t)$ は（$g'(f(a))$ に一致することも許して）$g'(f(a))$ に近づく．よって式 (2) の右辺，すなわち左辺も $g'(f(a))f'(a)$ に近づく．これより結論を得る．　◇

逆関数とその微分法

関数 $f(x)$ が，定義域内のすべての x_1, x_2 について
$$x_1 < x_2 \quad ならば \quad f(x_1) < f(x_2)$$
を満たすとき，$f(x)$ を**単調増加関数**という．関数 $f(x)$ が，定義域内のすべての x_1, x_2 について
$$x_1 < x_2 \quad ならば \quad f(x_1) > f(x_2)$$
を満たすとき，$f(x)$ を**単調減少関数**という．単調増加関数と単調減少関数を総称して**単調関数**という．

$f(x)$ を閉区間 $[a_1, a_2]$ で定義された連続な単調増加関数とする．このとき，区間 $[f(a_1), f(a_2)]$ に属する b を任意に選べば，連続関数の中間値の定理によって，この b に対して条件 $f(a) = b$ を満たす a が区間 $[a_1, a_2]$ 内に存在する．そして $f(x)$ の単調性より，$f(a) = b$ を満たす a はただ 1 つである．b に対してこの数 a を対応させる関数を $f(x)$ の**逆関数**という．$f(x)$ の逆関数を $f^{-1}(x)$ で表す．$f^{-1}(x)$ の定義域は区間 $[f(a_1), f(a_2)]$ である．$f^{-1}(x)$ の値域は区間 $[a_1, a_2]$ である．a と b が関係 $b = f(a)$ を満たすことと，関係 $a = f^{-1}(b)$ を満たすこととは同じことを表す．

$f(x)$ が連続な単調減少関数の場合も同様である．

定理 2.4 連続な単調関数 $f(x)$ の逆関数 $f^{-1}(x)$ は連続である．　◇

この定理の証明は，このテキストの程度を超えるので，省略する．

例 2.1 閉区間 $[1,4]$ を定義域とする関数 $f(x)$ を $f(x) = 2x+1$ で定義する．$f(x)$ は連続な単調増加関数である．$f(x)$ の値域は閉区間 $[3,9]$ である．

$f(x)$ の逆関数 $f^{-1}(x)$ は閉区間 $[3,9]$ を定義域とする関数で，$f^{-1}(x) = \dfrac{x-1}{2}$ で与えられる．◆

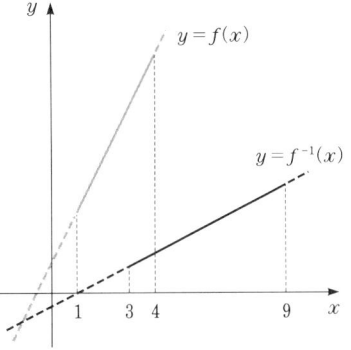

注意 $f(x)$ のグラフとその逆関数 $f^{-1}(x)$ のグラフは直線 $y = x$ に関して対称の位置にある．

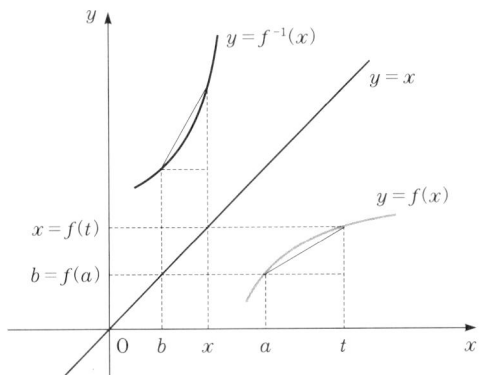

$f(x)$ とその逆関数 $f^{-1}(x)$ の合成関数 $(f^{-1}\circ f)(x)$ および $(f\circ f^{-1})(x)$ は $(f^{-1}\circ f)(x) = x$ および $(f\circ f^{-1})(x) = x$ を満たす．

定理 2.5 $f(x)$ を連続な単調関数とする．$f(x)$ は $x = a$ において微分可能で，微分係数 $f'(a)$ は 0 でないとする．このとき，逆関数 $f^{-1}(x)$ は $x = f(a)$ において微分可能であり，その微分係数について次が成り立つ．

$$(f^{-1})'(b) = \frac{1}{f'(a)}.$$

ここに $b = f(a)$ とする．

[証明] $x \neq f(a)$ とする.$t = f^{-1}(x)$ とおくと $f(t) = x$ である.$x - f(a) \neq 0$ および $t - a \neq 0$ であることに注意して,次のように式を変形する.

$$\frac{f^{-1}(x) - f^{-1}(f(a))}{x - f(a)} = \frac{t - a}{f(t) - f(a)}$$
$$= \frac{1}{\dfrac{f(t) - f(a)}{t - a}}. \tag{1}$$

定理 2.4 より $f^{-1}(x)$ は連続関数である.特に $x = f(a)$ で連続である.よって x が $f(a)$ に近づくとき $f^{-1}(x)$ $(= t)$ は $f^{-1}(f(a))$ $(= a)$ に近づく.つまり t は a に近づく.$f(x)$ は $x = a$ において微分可能であるから,t が a に近づくとき $\dfrac{f(t) - f(a)}{t - a}$ は $f'(a)$ に近づく.$f'(a)$ は 0 でないから,式 (1) の最後の項,すなわち最初の項も $\dfrac{1}{f'(a)}$ に近づく.これより結論を得る. ◇

導関数

a_1, a_2 を $a_1 < a_2$ を満たす定数とする.$f(x)$ を開区間 (a_1, a_2) で定義された関数とする.$f(x)$ がこの区間内のすべての x において微分可能であるとき,$f(x)$ は開区間 (a_1, a_2) において**微分可能**であるという.

関数 $f(x)$ は開区間 (a_1, a_2) において微分可能であるとする.このとき,この区間内の各々の x に対して,x における $f(x)$ の微分係数 $f'(x)$ を対応させる関数 $f'(x)$ を定義することができる.この関数 $f'(x)$ を $f(x)$ の**導関数**という.導関数 $f'(x)$ を求めることを,関数 $f(x)$ を微分するという.

$$f'(x), \quad \frac{df}{dx}, \quad \frac{df(x)}{dx}, \quad \frac{df}{dx}(x), \quad f', \quad (f(x))'$$

はどれも $f(x)$ の導関数を表す記号として使われる.

定理 2.6 $f(x)$ と $g(x)$ を微分可能な関数, k, c を定数とする. このとき次が成り立つ.

（1） 定数関数 $f(x) = k$ に対して $f'(x) = 0$ 　　定数値関数の導関数
（2） $(cf(x))' = cf'(x)$ 　　c 倍した関数の導関数
（3） $(f(x) + g(x))' = f'(x) + g'(x)$ 　　関数の和の導関数
（4） $(f(x) - g(x))' = f'(x) - g'(x)$ 　　関数の差の導関数
（5） $(f(x)g(x))' = f'(x)g(x) + f(x)g'(x)$ 　　関数の積の導関数
（6） $\left(\dfrac{f(x)}{g(x)}\right)' = \dfrac{f'(x)g(x) - f(x)g'(x)}{(g(x))^2}$ 　　関数の商の導関数
（7） $(g(f(x)))' = g'(f(x))f'(x)$ 　　合成関数の導関数
（8） $(f^{-1}(x))' = \dfrac{1}{f'(f^{-1}(x))}$ 　　逆関数の導関数. ◇

定理 2.7 n を整数とするとき, 次が成り立つ.
$$(x^n)' = nx^{n-1}.$$
ただし, (1) x^0 は x が 0 であっても 1 を表すものとする, (2) $n=0$ のとき nx^{n-1} は 0 を表すものとする, (3) $n<0$ のとき x は 0 でないものとする.

[証明] n が 0 または 1 のときには成立する. n が 2 以上の整数のときには例題 2.3 で証明済みである.

n が負の整数の場合：$m = -n$ とおけば, m は正の整数である. よって, $(x^m)' = mx^{m-1}$ が成り立つ. また $x^n = x^{-m} = \dfrac{1}{x^m}$ である. よって商の微分法より
$$(x^n)' = \left(\frac{1}{x^m}\right)' = \frac{(1)' \times x^m - 1 \times (x^m)'}{(x^m)^2} = \frac{0 \times x^m - 1 \times mx^{m-1}}{(x^m)^2}$$
$$= -\frac{mx^{m-1}}{x^{2m}} = -mx^{(m-1)-2m} = -mx^{-m-1} = nx^{n-1}$$
を得る. ◇

練習問題 2

1. 関数 $f(x)$ が $x=a$ で微分可能ならば，次が成り立つことを証明せよ．
$$\lim_{h \to 0} \frac{f(a+h) - f(a-h)}{2h} = f'(a)$$

2. 次で定められる関数 $f(x)$ は $x=0$ において微分可能であることを示せ．
$$f(x) = \begin{cases} \left(\dfrac{1}{2}\right)^2 & \left(\dfrac{1}{2} \leqq |x| \text{ のとき}\right), \\ \left(\dfrac{1}{n}\right)^2 & \left(\dfrac{1}{n} \leqq |x| < \dfrac{1}{n-1} \text{ のとき } (n=3, 4, \cdots)\right), \\ 0 & (x=0 \text{ のとき}). \end{cases}$$

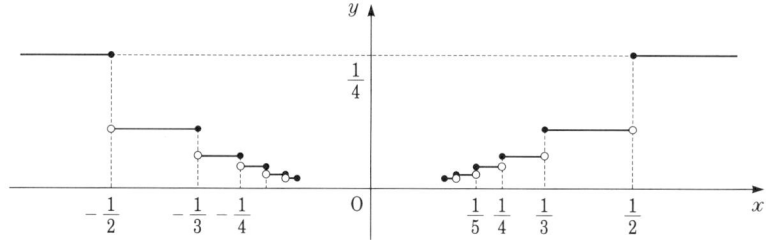

3. 次の各問に答えよ．
 (1) 関数 $f(x) = \sqrt{x}$ ($x \geqq 0$) について $f'(a) = \dfrac{1}{2\sqrt{a}}$ ($a > 0$) であることを示せ．
 (2) 関数 $f(x) = \sqrt[3]{x}$ ($-\infty < x < \infty$) について $f'(a) = \dfrac{1}{3(\sqrt[3]{a})^2}$ ($a \neq 0$) であることを示せ．
 (3) 関数 $f(x) = \sqrt[3]{x}$ ($-\infty < x < \infty$) は $x=0$ において微分可能でないことを示せ．

4. 次の関数の導関数を求めよ．
 (1) $(x^3 + 5x^2 + 3)^6$
 (2) $(3x^2 + x + 4)(x^2 - x + 3)$
 (3) $\sqrt{3x^2 + 1}$
 (4) $\sqrt[3]{(x^2 + 1)^2}$
 (5) $\dfrac{x+1}{(x+2)(x+3)}$
 (6) $\dfrac{x}{\sqrt{3-x^2}}$
 (7) $\left(\dfrac{x - \sqrt{2x+1}}{x + \sqrt{2x+1}}\right)^3$

§3. 三角関数とその導関数

ラジアンの定義と円周率 π

一般社会では角の単位として直角を $90°$ とする「度」を用いる．科学の世界では角の単位として「度数法」とともに，扇形における半径と弧の長さの比によって角度を定義する「弧度法」を用い，単位を「ラジアン」で表す．すなわち，半径 r，弧の長さ ℓ の扇型の中心角 θ を弧度法で表すと

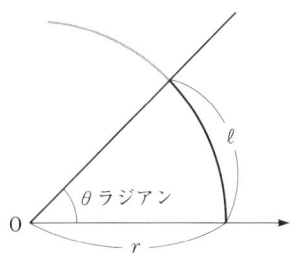

$$\theta = \frac{\ell}{r}$$

となる．

弧度法の議論を進める前に，円周の長さ，円周率 π，円の面積について考えてみよう．半径 r の円周の長さ L は円の直径 $2r$ に比例する．通常，その比例定数を π と記している．すなわち $L = 2\pi r$ である．このよく知られている定数 π は無理数であり，以下のように無限小数展開される．

$$\pi = 3.1415926535897932384626433832795\cdots\cdots$$

さらに，半径 r の円の面積は πr^2 となることはよく知られている．ここで，この定理に対し図を使った証明を与えておこう．証明は「円に内接する正 n 角形の周の長さと面積は，n を大きくすることにより，円周の長さと円の面積に限りなく近づいていく」という事実にもとづいている．なお，この定理から導かれる定理 3.2 は三角関数の導関数を求める上で重要な役割を果たす．また，「曲線の長さ」についての一般的な定義は §9 を参照してほしい．

定理 3.1　半径 r の円の面積は πr^2 である．

[証明]　半径 r の円を C，円周の長さを L，円の面積を S とする．ここで，P_n を C に内接する正 n 角形とし，$L(P_n)$ を P_n の周の長さ，$S(P_n)$ を P_n の面積とする．このとき

$$L = \lim_{n \to \infty} L(P_n), \qquad S = \lim_{n \to \infty} S(P_n).$$

下図において，P_n の頂点を $A_0, A_1, \cdots, A_{n-1}$，また P_{2n} の頂点を $B_0, B_1, \cdots, B_{2n-1}$ で表す．さらに

$|A_0 A_1|$：線分 $A_0 A_1$ の長さ，

$S(\triangle OA_0 A_1)$：三角形 $OA_0 A_1$ の面積，

$S(\square OA_0 B_1 A_1)$：四角形 $OA_0 B_1 A_1$ の面積

とする．このとき，

$L(P_n) = n |A_0 A_1|$，

$S(P_n) = n S(\triangle OA_0 A_1)$，

$S(P_{2n}) = n S(\square OA_0 B_1 A_1)$

となり，$|OB_1| = r$ より次式を得る．

$$\begin{aligned}
L(P_n) &= n|A_0 A_1| \\
&= \frac{2n}{r} \cdot \frac{1}{2} |OB_1||A_0 A_1| \\
&= \frac{2}{r} \cdot n S(\square OA_0 B_1 A_1) \\
&= \frac{2}{r} S(P_{2n}).
\end{aligned}$$

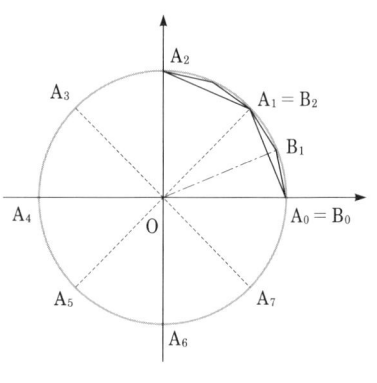

したがって，

$$L = \lim_{n \to \infty} L(P_n) = \frac{2}{r} \lim_{n \to \infty} S(P_{2n}) = \frac{2}{r} \lim_{n \to \infty} S(P_n) = \frac{2}{r} S$$

となる．すなわち，$S = \dfrac{r}{2} L = \dfrac{r}{2} \cdot 2\pi r = \pi r^2$ である．　◇

上の命題より半径 1 の円の面積は π であることがわかる．

問 3.1　$3 < \pi < 4$ であることを図を使って示せ．

円周率 π がおよそ 3.14 であることより，半径 1 の円周の長さ 2π はおよそ 6.28 であることがわかる．ここで弧度法の話に戻ってみよう．初めに，定理 3.1 より直ちに次の定理を得ることができる．

定理 3.2 半径 r，角度 θ ラジアンの扇形の面積は $\frac{1}{2}\theta r^2$ である．

[証明] 扇型の面積を $S(\theta)$ とすると，$S(\theta)$ は θ に比例する，すなわち
$$S(\theta) : S(2\pi) = \theta : 2\pi.$$
ゆえに $S(\theta) = \frac{\theta}{2\pi} S(2\pi) = \frac{\theta}{2\pi} \cdot \pi r^2 = \frac{1}{2}\theta r^2$ となる． ◇

半径 $r = 1$ の円に対し，角 θ ラジアンの扇形の弧の長さを ℓ とすると $\theta = \ell$ である．したがって半径が 1 のとき，円周の長さ，半円の周の長さ，$\frac{1}{4}$ 円の周の長さはそれぞれ，$2\pi, \pi, \frac{\pi}{2}$ であるから，

$360° = 2\pi$ ラジアン， $180° = \pi$ ラジアン， $90° = \frac{\pi}{2}$ ラジアン

となる．また，360° を超える角度についても $540° = 3\pi$ ラジアン，$720° = 4\pi$ ラジアン などと表す．さらに半径 1，角度 60° の扇型の弧の長さはほぼ 1 であるので 1 ラジアンはほぼ 60° であることがわかる．

三角関数の定義

sin, cos, tan などの関数は歴史的には直角三角形により定義されるので，三角関数と呼ばれるが，一般的な定義は次のようにされる．

xy 平面上において，原点 O を中心とし半径 r の円を考える．この円の円周上の 2 点 A$(r, 0)$, P(x, y) に対し ∠AOP を θ ラジアンとする．すなわち弧 AP の長さは $r\theta$ であるとする．

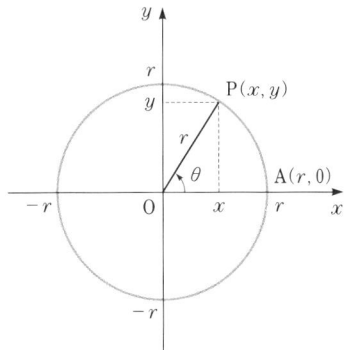

このとき，
$$\sin\theta = \frac{y}{r}, \qquad \cos\theta = \frac{x}{r}, \qquad \tan\theta = \frac{y}{x} \qquad (x \neq 0)$$
と定義する．

弧の角度は点 $A(r,0)$ から反時計まわり（正の向き）に測るとし，時計まわりに測るとき角度を－(マイナス)とする．円周上の動点が反時計まわりに n 周回るときは $2n\pi$ ラジアン動くといい，時計まわりに n 周回るとき $-2n\pi$ ラジアン動くという．今後，特に断らない限り，角度 θ の単位はラジアンを意味するが，「ラジアン」は記さない．このように一般的には三角関数は円によって定義されるので**円関数**とも呼ばれる．

点 P の座標 (x,y) と (r,θ) との間には次の関係がある．
$$x = r\cos\theta, \qquad y = r\sin\theta, \qquad r = \sqrt{x^2 + y^2}.$$
またピタゴラスの定理より
$$r^2\cos^2\theta + r^2\sin^2\theta = r^2 \qquad \text{すなわち} \qquad \cos^2\theta + \sin^2\theta = 1$$
が成り立つ．さらに，$\cos\theta$，$\sin\theta$ は θ の関数として，全区間で連続である．

今後，(x,y) を xy 座標といい，(r,θ) を**極座標**という．通常，特に断らなければ，座標 $(\cdot,\cdot)$ は xy 座標を意味する．

本節では幾何的な説明をするために三角関数の変数に θ を用いている．以後，他の関数と同様に，三角関数の変数に x を用いることが多い．

問 3.2 定義に従って次の値が正しいことを確かめよ．
$$\sin\frac{\pi}{6} = \frac{1}{2}, \qquad \cos\frac{\pi}{6} = \frac{\sqrt{3}}{2}, \qquad \tan\frac{\pi}{6} = \frac{\sqrt{3}}{3}.$$

問 3.3 次の θ の値について $\sin\theta$，$\cos\theta$，$\tan\theta$ の値を求めよ．
$$\theta = 0, \ \frac{\pi}{4}, \ \frac{\pi}{3}, \ \frac{5\pi}{6}, \ \pi, \ \frac{7\pi}{6}, \ \frac{4\pi}{3}, \ \frac{5\pi}{3}, \ \frac{11\pi}{6}, \ 2\pi.$$

例題 3.1（単振動 I） xy 平面上で原点 O を中心とする半径 r の円周上の点 $A(r,0)$ を出発し，角速度 ω（1秒間に回転する角度が ω）で等速円運動

している点 P について，P から x 軸，y 軸へ下ろした垂線の足 Q, R の t 秒後の位置を求めよ．

【解】 動点 P が点 $A(r, 0)$ を出発してから t 秒後の P の位置 P_t は
$$P_t(x, y) = (r\cos\omega t, r\sin\omega t)$$
と表すことができる．このとき Q の位置 Q_t は
$$Q_t(x, y) = (r\cos\omega t, 0)$$
であり，x 軸上を O を中心として往復運動をする．同様に t 秒後の R の位置 R_t は
$$R_t(x, y) = (0, r\sin\omega t)$$
となり，y 軸上を O を中心として往復運動をする．このような Q, R の動きを**単振動**といい，r を振幅，1 往復するのにかかる時間 $\dfrac{2\pi}{\omega}$ を周期という． ◆

例題 3.1 において，$r = 1$，$\omega = 1$ のとき，$x = \cos\theta$，$y = \sin\theta$ となり（変数 t を θ に直した），それを図に表すと以下のようになる．

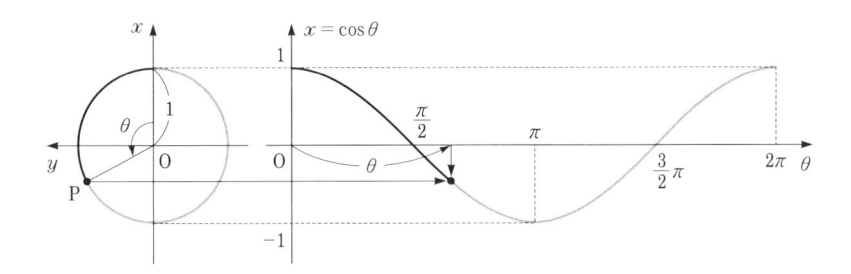

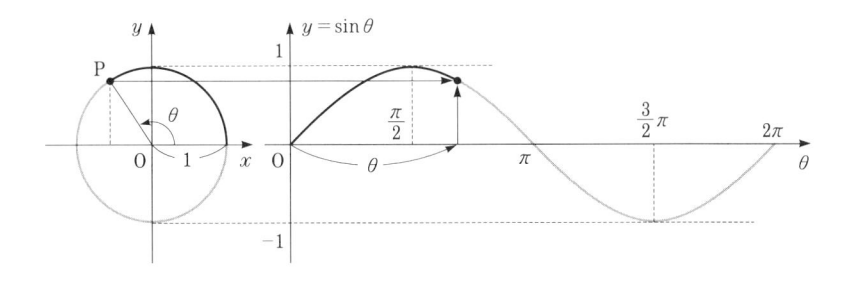

三角関数の微分

三角関数の導関数を求めるために次の定理が必要である.

定理 3.3 $\displaystyle\lim_{\theta \to 0}\frac{\sin\theta}{\theta} = 1$.

［証明］ 原点 O を中心とする半径 1 の円に対し

$$A(1, 0), \quad B(\cos\theta, \sin\theta) \quad \left(0 < \theta < \frac{\pi}{2}\right)$$

とし，点 A における円の接線と半直線 OB の交点を C とする．このとき，次の不等式が成り立つ．

　　三角形 OAB の面積 ＜ 扇形 OAB の面積 ＜ 三角形 OAC の面積．

すなわち，

$$\frac{\sin\theta}{2} < \frac{\theta}{2} < \frac{\tan\theta}{2}$$

となる．各項を $\dfrac{\sin\theta}{2}$ で割ると

$$1 < \frac{\theta}{\sin\theta} < \frac{1}{\cos\theta}$$

となる．逆数をとると，

$$1 > \frac{\sin\theta}{\theta} > \cos\theta$$

となる．したがって

$$1 \geqq \lim_{\theta \to +0}\frac{\sin\theta}{\theta} \geqq \lim_{\theta \to +0}\cos\theta = 1$$

となり，$\displaystyle\lim_{\theta \to +0}\frac{\sin\theta}{\theta} = 1$ が示される．

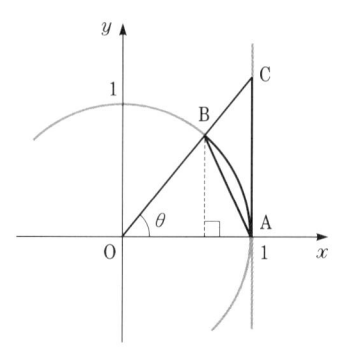

角 θ が $0 > \theta > -\dfrac{\pi}{2}$ のときは，$\psi = -\theta$ とおいて

$$\lim_{\theta \to -0}\frac{\sin\theta}{\theta} = \lim_{\psi \to +0}\frac{\sin(-\psi)}{-\psi} = \lim_{\psi \to +0}\frac{\sin\psi}{\psi} = 1$$

が得られ，結局 $\displaystyle\lim_{\theta \to 0}\frac{\sin\theta}{\theta} = 1$ となる．　◇

§3. 三角関数とその導関数

定理 3.4 三角関数の微分（$' = d/d\theta$）

（1） $(\sin\theta)' = \cos\theta$

（2） $(\cos\theta)' = -\sin\theta$

（3） $(\tan\theta)' = \dfrac{1}{\cos^2\theta} = 1 + \tan^2\theta$

［証明］（1） 付録3の公式3.5より

$$(\sin\theta)' = \lim_{h \to 0}\frac{\sin(\theta+h) - \sin\theta}{h} = \lim_{h \to 0}\frac{2\cos\dfrac{2\theta+h}{2}\sin\dfrac{h}{2}}{h}$$

$$= \lim_{h \to 0}\frac{\cos\left(\theta + \dfrac{h}{2}\right)\sin\dfrac{h}{2}}{\dfrac{h}{2}} = \lim_{k \to 0}\frac{\cos(\theta+k)\sin k}{k}$$

$$= \lim_{k \to 0}\cos(\theta+k)\cdot\lim_{k \to 0}\frac{\sin k}{k} = \cos\theta.$$

途中で $k = \dfrac{h}{2}$ とおき，定理3.3を使った．

（2） 上の（1）と同様に考えて証明すればよい．

（3） 分数関数の導関数の計算により

$$(\tan\theta)' = \left(\frac{\sin\theta}{\cos\theta}\right)' = \frac{\cos^2\theta + \sin^2\theta}{\cos^2\theta} = \frac{1}{\cos^2\theta}. \quad \diamond$$

次の例題により，微分を考えるとき，度数法による三角関数より弧度法による三角関数の方がより自然であることがわかる．

例題 3.2 $f(x) = \sin x°$ とする．このとき

$$f'(x) = \frac{\pi}{180}\cos x°$$

であることを示せ．

【解】 $x° = \dfrac{x}{360} \times 2\pi$ ラジアンであるから $f(x) = \sin x° = \sin\dfrac{\pi x}{180}$ である．したがって，

$$f'(x) = \left(\cos\frac{\pi x}{180}\right)\left(\frac{\pi}{180}\right) = \frac{\pi}{180}\cos x°. \quad \blacklozenge$$

問 3.4 次の三角関数の導関数を求めよ．

(1) $\sin\theta + \cos\theta$ (2) $\sin^2\theta + \cos^2\theta$
(3) $\sin^3\theta + \cos^3\theta$ (4) $\sin^4\theta + \cos^4\theta$

例題 3.3（単振動 II） xy 平面上で原点 O を中心とする半径 r の円周上を角速度 ω（1 秒間に回転する角度が ω）で等速円運動している点 P の x 軸, y 軸への垂線の足 Q, R の動きの変化を調べよ．

【解】 動点 P が点 A$(r, 0)$ を出発してから t 秒後の P の位置 P_t は
$$\mathrm{P}_t(x, y) = (r\cos\omega t, r\sin\omega t)$$
と表せる．すなわち $x = r\cos\omega t$, $y = r\sin\omega t$ である．$\dfrac{dx}{dt}, \dfrac{dy}{dt}$ はそれぞれ Q, R の速度であり，定理 3.4 より
$$\frac{dx}{dt} = -r\omega\sin\omega t, \qquad \frac{dy}{dt} = r\omega\cos\omega t$$
となる．したがって，Q は原点を通るとき最も速くなり，点 $(r, 0), (-r, 0)$ で速度は 0 となる．また，R も原点を通るとき最も速くなり，点 $(0, r), (0, -r)$ で速度は 0 となる． ◆

三角関数の逆数関数と逆関数

三角関数の逆数をとる関数 (逆数関数という) は次のように定義される．
$$\mathrm{cosec}\,\theta = \frac{1}{\sin\theta}, \qquad \sec\theta = \frac{1}{\cos\theta}, \qquad \cot\theta = \frac{1}{\tan\theta}.$$
上記関数で定義されるのは，それぞれ $\sin\theta \neq 0$, $\cos\theta \neq 0$, $\tan\theta \neq 0$ のときである．

問 3.5 次の逆数関数の値域と導関数を求めよ．

(1) $\mathrm{cosec}\,\theta$ (2) $\sec\theta$ (3) $\cot\theta$

次に，応用上重要である三角関数の逆関数 (逆三角関数という) とその微分を考えてみよう．三角関数の逆関数は arcsin（アークサイン），arccos（ア

§3. 三角関数とその導関数

ークコサイン)，arctan (アークタンジェント) で表す．すなわち次のように定義される．

$$y = \arcsin x \iff x = \sin y \quad \left(-1 \leqq x \leqq 1,\ -\frac{\pi}{2} \leqq y \leqq \frac{\pi}{2}\right),$$

$$y = \arccos x \iff x = \cos y \quad (-1 \leqq x \leqq 1,\ 0 \leqq y \leqq \pi),$$

$$y = \arctan x \iff x = \tan y \quad \left(-\infty < x < \infty,\ -\frac{\pi}{2} < y < \frac{\pi}{2}\right).$$

半径 1 の円における関係式 $y = \arcsin x$, $y = \arccos x$, $y = \arctan x$ に対し，y の絶対値はそれぞれ次の図 (左側から順に) のような弧の長さを表す．

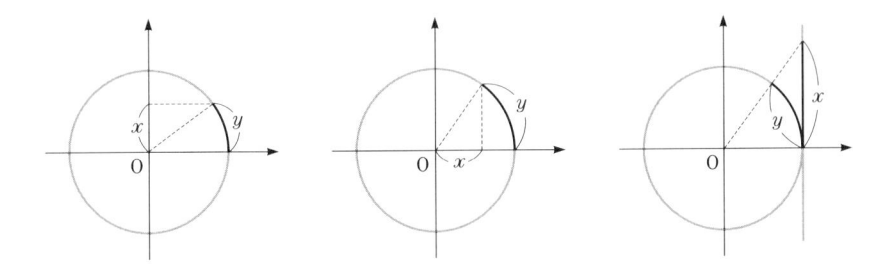

以下は関数 $y = \arcsin x$, $y = \arccos x$, $y = \arctan x$ のグラフである．

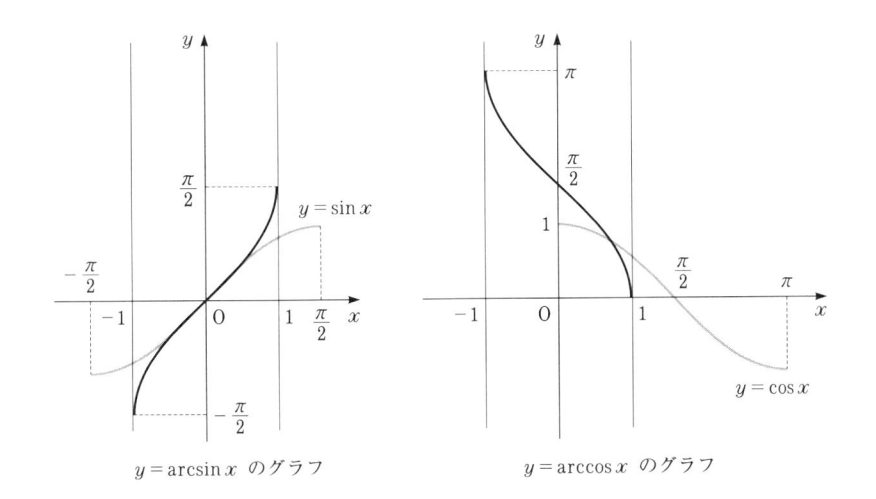

$y = \arcsin x$ のグラフ

$y = \arccos x$ のグラフ

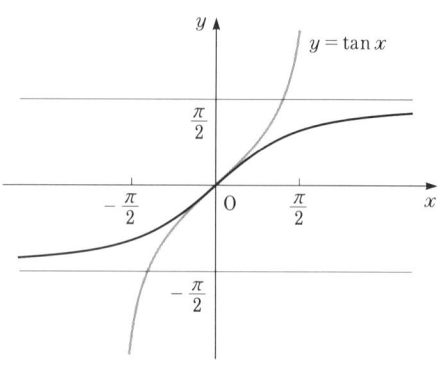

$y = \arctan x$ のグラフ

問 3.6 次の値を求めよ．

(1) $\arcsin \dfrac{1}{2}$ (2) $\arccos \dfrac{1}{2}$ (3) $\arctan 1$

(4) $\arcsin \left(-\dfrac{1}{2}\right)$ (5) $\arccos \left(-\dfrac{1}{2}\right)$ (6) $\arctan(-1)$

逆三角関数の導関数については，逆関数の微分の公式を用いて，次の定理を得る．

定理 3.5 逆三角関数の微分（$' = d/dx$）

(1) $(\arcsin x)' = \dfrac{1}{\sqrt{1-x^2}}$ $(-1 < x < 1)$

(2) $(\arccos x)' = \dfrac{-1}{\sqrt{1-x^2}}$ $(-1 < x < 1)$

(3) $(\arctan x)' = \dfrac{1}{1+x^2}$ $(-\infty < x < \infty)$．

［証明］ (1) $y = \arcsin x$ に対し，$x = \sin y$．したがって，
$$\frac{dx}{dy} = \cos y = \sqrt{1 - \sin^2 y} = \sqrt{1 - x^2}.$$
ゆえに，$\dfrac{dy}{dx} = \dfrac{1}{\sqrt{1-x^2}}$．

(2), (3) についても，上の (1) と同様な方法で導関数を得る． ◇

練習問題 3

1. 次の極限値を求めよ.

(1) $\displaystyle\lim_{\theta \to 0} \frac{\sin 4\theta}{3\theta}$ (2) $\displaystyle\lim_{\theta \to 0} \frac{\sin 3\theta}{\sin 5\theta}$ (3) $\displaystyle\lim_{\theta \to +\infty} \theta \sin \frac{\pi}{\theta}$

2. 次の関数を微分せよ(ω, ϕ は定数とする).

(1) $\sin(\omega x + \phi)$ (2) $\cos(\omega x + \phi)$ (3) $\tan(\omega x + \phi)$

(4) $\sin(1 + x^2)$ (5) $\cos(2x^2 + 3x)$ (6) $\tan(x^3 - 2x)$

3. 動点 P が xy 平面の単位円周上を運動している.動点 P から x 軸,y 軸へ下ろした垂線の足を Q, R とする.このとき次の問に答えよ.

(1) P が点 $(0,1)$ から時計まわりに動き始めてから t 秒後の Q の位置が $(t, 0)$ ($0 \leqq t < 1$) となっているとき,動点 P が t 秒間に動いた距離 $f_1(t)$ とその導関数 $f_1'(t)$ を求めよ($f_1'(t)$ は t 秒後の P の速さと考えられる).

(2) P が点 $(1,0)$ から反時計まわりに動き始めてから t 秒後の R の位置が $(0, t)$ ($0 \leqq t < 1$) となっているとき,動点 P が t 秒間に動いた距離 $f_2(t)$ とその導関数 $f_2'(t)$ を求めよ($f_2'(t)$ は t 秒後の P の速さと考えられる).

§4. 指数関数と対数関数

巾(べき)指数と指数法則の拡張

実数 $a>0$ と整数 $n \geqq 0$ に対して，a の n 乗 a^n は帰納的に定義される．$a^0=1,\ a^1=a,\ \cdots,\ a^n=a^{n-1}\cdot a,\ \cdots$．また，負の整数 $-n\,(n>0)$ に対して，a^{-n} は $a^{-n}=\dfrac{1}{a^n}$ によって定義される．このとき，すべての整数 m, n と正の実数 a, b に対して次の**指数法則**が成り立つ．

(1) $\quad a^m a^n = a^n a^m = a^{m+n}$
(2) $\quad (a^m)^n = a^{mn}$
(3) $\quad (ab)^n = a^n b^n$．

n が正の整数であるとき，関数 $y=x^n$ は $x>0$ の範囲で単調増加の連続関数なので，中間値の定理により任意の正の実数 a に対して $c^n=a$ となる正の実数 c がただ一つある．この c を $a^{\frac{1}{n}}$ と書く．明らかに $(a^{\frac{1}{n}})^n = a$ が成り立つ．$\dfrac{m}{n}$ が正の有理数のとき，$a^{\frac{m}{n}}$ を $(a^{\frac{1}{n}})^m$ により定義する．負の有理数 $-\dfrac{m}{n}\left(\dfrac{m}{n}>0\right)$ に対しても $a^{-\frac{m}{n}} = (a^{\frac{m}{n}})^{-1}$ により巾乗が定義される．このようにして a について，正・負の有理数の巾乗が定義されて，a, b が正の実数である限り，m, n が有理数のときにも指数法則 (1)～(3) が成り立つ．

次に無理数 u の場合に拡張しよう．$u=\sqrt{2}=1.414213\cdots$ の場合について説明しよう．有理数を指数とする数列

$$a^{1.4},\ a^{1.41},\ a^{1.414},\ a^{1.4142},\ a^{1.41421},\ a^{1.414213},\ \cdots$$

は有界単調数列である．この数列の極限値を a^u と定義する．このように定義すると，有理数の指数では指数法則が成り立っていることから，実数の指数に対しても指数法則が成り立つことになる．

指数関数

先の議論により正の実数 a と任意の実数 x に対して a の x 乗 a^x が定義されることがわかった．このことから変数 x の関数 $y = a^x$ が定まる．これを a を底とする**指数関数**という．以下指数関数を考えるときは $a \neq 1$ とする．関数 $y = a^x$ は，$a > 1$ のとき単調増加関数で，$0 < a < 1$ のときは単調減少関数である．この関数は $\mathbf{R}$ で定義された連続関数である．この関数のグラフは $0 < a < 1$，$a > 1$ に従って次のようになる．

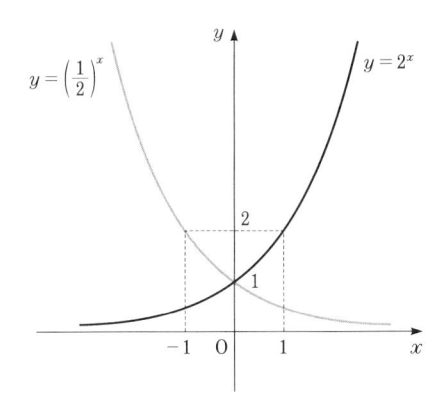

数列の極限としての e

数列 $a_n = \left(1 + \dfrac{1}{n}\right)^n$（$n = 1, 2, \cdots$）が有界な単調増加数列であることを初めに示す．このために次の定理（2項展開定理）を証明なしに引用する．

定理 4.1 x を実数とし，n を正の整数とするとき，次式が成り立つ．

$$(1 + x)^n = \sum_{r=0}^{n} {}_nC_r\, x^{n-r} = \sum_{r=0}^{n} {}_nC_r\, x^r.$$

ここで ${}_nC_r = \dfrac{n!}{(n-r)!\cdot r!}$ は2項係数で，$n! = 1 \cdot 2 \cdot 3 \cdots n$，$0! = 1$ である． ◇

a_n は上の定理において $x = \dfrac{1}{n}$ とおくことにより

$$a_n = \sum_{r=0}^{n} {}_nC_r \left(\dfrac{1}{n}\right)^r$$

$$= 1 + {}_nC_1 \cdot \dfrac{1}{n} + {}_nC_2 \left(\dfrac{1}{n}\right)^2 + \cdots + {}_nC_r \left(\dfrac{1}{n}\right)^r + \cdots + {}_nC_n \left(\dfrac{1}{n}\right)^n$$

$$= 1 + 1 + \dfrac{1}{2} \cdot \dfrac{n-1}{n} + \cdots + \dfrac{1}{r!} \cdot \dfrac{n-1}{n} \cdot \dfrac{n-2}{n} \cdots \dfrac{n-r+1}{n}$$

$$\qquad + \cdots + \dfrac{1}{n!} \cdot \dfrac{n-1}{n} \cdot \dfrac{n-2}{n} \cdots \dfrac{1}{n}$$

と表される.したがって

$$a_{n+1} = 1 + 1 + \dfrac{1}{2} \cdot \dfrac{n}{n+1} + \cdots + \dfrac{1}{r!} \cdot \dfrac{n}{n+1} \cdot \dfrac{n-1}{n+1} \cdots \dfrac{n-r+2}{n+1}$$

$$\qquad + \cdots + \dfrac{1}{n!} \cdot \dfrac{n}{n+1} \cdot \dfrac{n-1}{n+1} \cdots \dfrac{2}{n+1}$$

$$\qquad + \dfrac{1}{(n+1)!} \cdot \dfrac{n}{n+1} \cdot \dfrac{n-1}{n+1} \cdots \dfrac{1}{n+1} > a_n.$$

すなわち数列 $\{a_n\}$ は単調増加数列である.また

$$a_n \leqq 1 + 1 + \dfrac{1}{2} + \cdots + \dfrac{1}{r!} + \cdots + \dfrac{1}{n!}$$

$$\leqq 2 + \dfrac{1}{2} + \cdots + \dfrac{1}{2^{r-1}} + \cdots + \dfrac{1}{2^{n-1}}$$

$$= 3 - \dfrac{1}{2^{n-1}} < 3.$$

ここで $r! = 1 \cdot \underbrace{2 \cdot 3 \cdots r}_{r-1} \geqq \underbrace{2 \cdot 2 \cdots 2}_{r-1} = 2^{r-1}$ を用いた.ゆえに数列 $\{a_n\}$ は有界でもある.したがってこの数列は収束する.この数列の極限を e と書き,その値は次のように与えられる.

$$e = 2.7182818 \cdots.$$

e は円周率と並んで数学で最も重要な定数であり,**ネーピア数**とも呼ばれている.

§4. 指数関数と対数関数　　　　　　　　　　37

定理 4.2　$e = \lim_{x \to \pm\infty}\left(1 + \dfrac{1}{x}\right)^x$.

[証明]　実数 $x > 1$ を考えたとき，非負の整数 n で $n \leqq x < n+1$ を満たすものがある．このとき，$1 + \dfrac{1}{n+1} < 1 + \dfrac{1}{x} \leqq 1 + \dfrac{1}{n}$ より

$$\left(1 + \frac{1}{n+1}\right)^n \leqq \left(1 + \frac{1}{n+1}\right)^x < \left(1 + \frac{1}{x}\right)^x \leqq \left(1 + \frac{1}{n}\right)^x < \left(1 + \frac{1}{n}\right)^{n+1}$$

が成り立つ．一方，

$$\lim_{n \to \infty}\left(1 + \frac{1}{n+1}\right)^n = \lim_{n \to \infty}\frac{\left(1 + \dfrac{1}{n+1}\right)^{n+1}}{\left(1 + \dfrac{1}{n+1}\right)} = e$$

および

$$\lim_{n \to \infty}\left(1 + \frac{1}{n}\right)^{n+1} = \lim_{n \to \infty}\left\{\left(1 + \frac{1}{n}\right)^n \cdot \left(1 + \frac{1}{n}\right)\right\} = e.$$

したがって，はさみうちの原理により

$$e = \lim_{x \to \infty}\left(1 + \frac{1}{x}\right)^x$$

が導かれる．次に，途中で $x = -y$ とおいて計算すると

$$\lim_{x \to -\infty}\left(1 + \frac{1}{x}\right)^x = \lim_{y \to \infty}\left(1 - \frac{1}{y}\right)^{-y} = \lim_{y \to \infty}\left(\frac{y-1}{y}\right)^{-y} = \lim_{y \to \infty}\left(\frac{y}{y-1}\right)^y$$

$$= \lim_{y \to \infty}\left(1 + \frac{1}{y-1}\right)^{y-1} \cdot \lim_{y \to \infty}\left(1 + \frac{1}{y-1}\right)$$

$$= e.$$

よって定理 4.2 が成り立つ．　◇

指数関数の逆関数としての対数関数

上で述べたように関数 $y = a^x$ は，$a > 1$ のときは単調増加の連続関数で，$0 < a < 1$ のときは単調減少の連続関数なので，$y > 0$ を与えたときに $y = a^x$ となる実数 x が一意に定まる．この x を $\log_a y$ と書く．2 つの変数 x と y の立場を換えることにより，a を底とする**対数関数** $y = \log_a x$ が

定義される．定義の仕方より指数関数と対数関数の間には次の関係がある．
$$y = a^x \iff x = \log_a y,$$
$$x = a^y \iff y = \log_a x.$$

また $\log_a a^x = x$, $a^{\log_a x} = x$ が成り立つ．e を底とする対数関数 $\log_e x$ は自然対数と呼ばれ，通常 e を省いて単に $\log x$ と書かれる．また，$\log_{10} x$ を常用対数という．

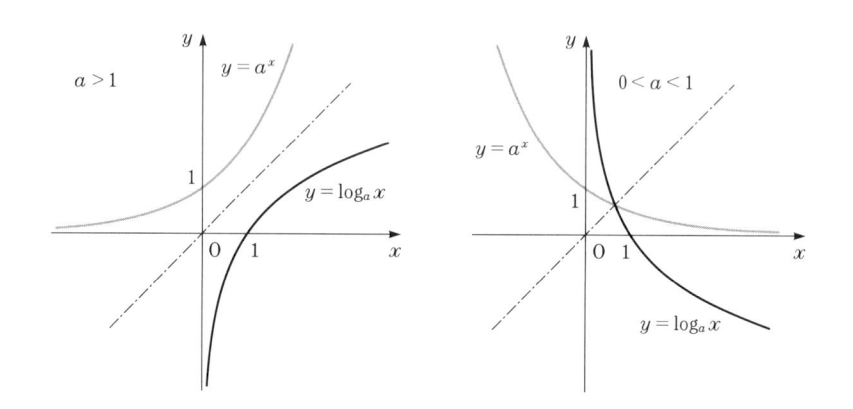

対数関数の基本的性質

定理 4.3 $a > 0$ かつ $a \neq 1$ とする．また x, y を正の実数とし，u を任意の実数とする．このとき，次のことが成り立つ．

(1) $\log_a(xy) = \log_a x + \log_a y$
(2) $\log_a x^u = u \log_a x$
(3) $\log_a a = 1$, $\log_a 1 = 0$．

さらに $b > 0$, $b \neq 1$ のとき，a, b を底とする x の対数の間には，次の関係がある．

(4) $\log_a x = (\log_a b)(\log_b x)$．

これらの関係は，指数法則などから導かれる． ◇

指数関数と対数関数の微分

$e = \lim_{x \to \pm\infty}\left(1 + \dfrac{1}{x}\right)^x$ において $h = \dfrac{1}{x}$ とおくことにより

$$e = \lim_{h \to 0}(1 + h)^{\frac{1}{h}}$$

を得る．これに関連して次の極限値が求められる．

$$\lim_{h \to 0}\dfrac{1}{h}\log(1+h) = 1, \qquad \lim_{h \to 0}\dfrac{e^h - 1}{h} = 1.$$

実際，対数関数の連続性を使って次のように示される．

$$\lim_{h \to 0}\dfrac{1}{h}\log(1+h) = \lim_{h \to 0}\log(1+h)^{\frac{1}{h}} = \log\left(\lim_{h \to 0}(1+h)^{\frac{1}{h}}\right)$$
$$= \log e = 1,$$
$$\lim_{h \to 0}\dfrac{e^h - 1}{h} = \lim_{k \to 0}\dfrac{k}{\log(1+k)} = 1.$$

定理 4.4 指数関数および対数関数の微分について，次式が成り立つ．

$$\dfrac{d}{dx}e^x = e^x, \qquad \dfrac{d}{dx}\log x = \dfrac{1}{x}.$$

［証明］ 実際，

$$\dfrac{d}{dx}e^x = \lim_{h \to 0}\dfrac{e^{x+h} - e^x}{h} = e^x \lim_{h \to 0}\dfrac{e^h - 1}{h} = e^x,$$
$$\dfrac{d}{dx}\log x = \lim_{h \to 0}\dfrac{\log(x+h) - \log x}{h} = \lim_{h \to 0}\log\left(1 + \dfrac{h}{x}\right)^{\frac{1}{h}}$$
$$= \lim_{h \to 0}\log\left(1 + \dfrac{h}{x}\right)^{\frac{x}{h} \cdot \frac{1}{x}} = \dfrac{1}{x}\log\lim_{h \to 0}\left(1 + \dfrac{h}{x}\right)^{\frac{x}{h}}$$
$$= \dfrac{1}{x}. \quad \diamond$$

対数微分

関数 $y = f(x)$ を微分するために両辺の自然対数をとり，辺々を微分することによって y' を求める方法を**対数微分法**という．次の 2 つの例でこの方法を説明する．

例 4.1 $y = a^x$ （$a > 0$, $a \neq 1$）

このとき，$\log y = x \log a$. 両辺を x について微分すると，左辺は $\dfrac{y'}{y}$, 右辺は $\log a$ となり，これから $y' = y \log a = (\log a) a^x$ を得る． ◆

例 4.2 $y = x^a$ （$x > 0$, a は実数）

この場合は，$\log y = a \log x$. 両辺を x について微分すると，左辺は $\dfrac{y'}{y}$, 右辺は $\dfrac{a}{x}$ となり，これから $y' = \dfrac{ay}{x} = a x^{a-1}$ を得る． ◆

問 4.1 $\dfrac{d}{dx} \log |x| = \dfrac{1}{x}$ となることを示せ．

双曲線関数の定義と性質

双曲線関数とは，次の等式で定義される関数 $\sinh x$, $\cosh x$, $\tanh x$ であり，例えば sinh はハイパボリックサインと呼ぶ（他同様）．

$$\sinh x = \frac{e^x - e^{-x}}{2},$$

$$\cosh x = \frac{e^x + e^{-x}}{2},$$

$$\tanh x = \frac{\sinh x}{\cosh x} = \frac{e^x - e^{-x}}{e^x + e^{-x}}.$$

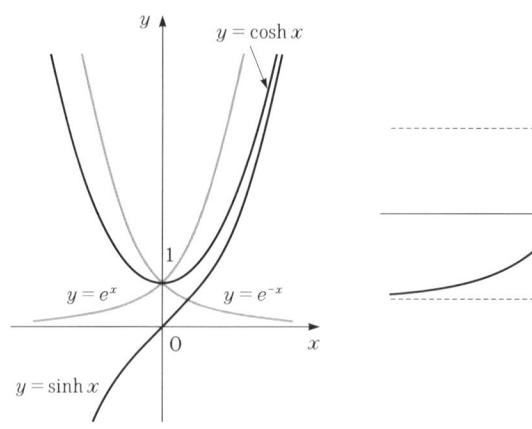

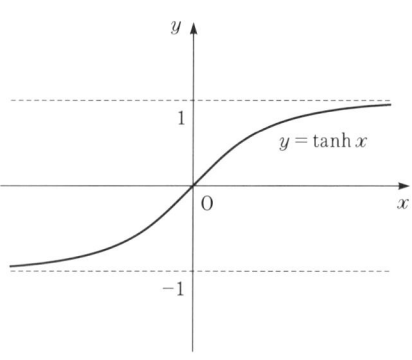

§4. 指数関数と対数関数

これらの関数は三角関数の加法定理に似た性質をもつ．

(1) $\cosh^2 x - \sinh^2 x = 1$

(2) $\sinh(x+y) = \sinh x \cosh y + \cosh x \sinh y$

(3) $\cosh(x+y) = \cosh x \cosh y + \sinh x \sinh y$

(4) $\tanh(x+y) = \dfrac{\tanh x + \tanh y}{1 + \tanh x \tanh y}$．

また双曲線関数は微分に関しても三角関数に似た性質をもつ．

(a) $(\sinh x)' = \cosh x$

(b) $(\cosh x)' = \sinh x$

(c) $(\tanh x)' = \dfrac{1}{\cosh^2 x}$．

問 4.2 上記 (1), (2), (3), (4) および (a), (b), (c) を確かめよ．

練習問題 4

1. 次の極限値を求めよ．

(1) $\lim_{x \to 0} (1+ax)^{\frac{1}{x}}$　（a：0でない定数）

(2) $\lim_{x \to 0} \dfrac{e^{4x}-1}{3x}$

(3) $\lim_{x \to +0} \dfrac{e^{\frac{1}{x}} - e^{-\frac{1}{x}}}{e^{\frac{1}{x}} + e^{-\frac{1}{x}}}$

(4) $\lim_{x \to -0} \dfrac{e^{\frac{1}{x}} - e^{-\frac{1}{x}}}{e^{\frac{1}{x}} + e^{-\frac{1}{x}}}$

2. 次の関数の導関数を求めよ．

(1) $\dfrac{1}{2a} \log \left| \dfrac{x-a}{x+a} \right|$　（$a \neq 0$）

(2) $\log \left| \dfrac{x^2-1}{x^2+1} \right|$

(3) $\log(x^2 \sqrt{x^2-4})$

(4) $\log \sqrt{(x+2)(x+3)}$

(5) $(xe^x + e^{-x})^4$

(6) $\log |\log x|$

§5. 関数の増減と平均値の定理

ロルの定理

ロルの定理はラグランジュの平均値の定理,コーシーの平均値の定理やテーラーの定理などの基礎をなす.その本質は,閉区間 $[a,b]$ で微分可能な関数 $f(x)$ のグラフは有界な範囲に留まるので,$f(a) = f(b)$ のとき,x 軸に平行な直線を x 軸から十分離れたところからだんだんこのグラフに近づけていくと,$f(x)$ が定数関数でなければ直線はこのグラフに端点でないところで最初に接触する.このとき,$f(x)$ が微分可能だから,この直線は接触したところでこのグラフの接線になっている.これがロルの定理である.

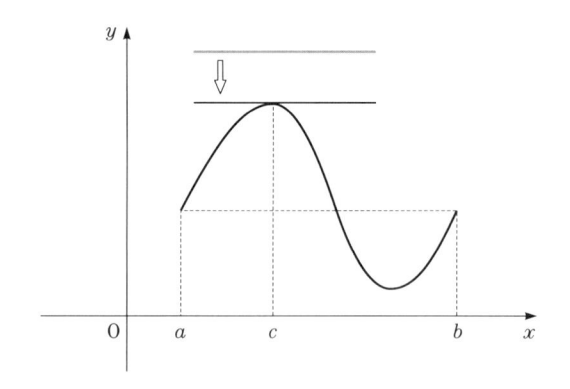

定理 5.1(ロル) 関数 $f(x)$ が閉区間 $[a,b]$ で連続,開区間 (a,b) で微分可能かつ $f(a) = f(b)$ を満たすならば,
$$f'(c) = 0 \quad (a < c < b)$$
を満たす点 c が少なくとも1つある.

[証明] $f(x)$ が定数関数のとき結論は明らかだから,$f(x)$ は定数関数

でないとしてよい．このとき，$f(a) = f(b)$ だから，最大値または最小値のいずれかは区間の端点でないところでとる．$x = c$ で最大値 $f(c)$ をとるとする．すなわち，

$$f(c) \geqq f(x) \qquad (a \leqq x \leqq b)$$

が成り立つとすると，$f(x)$ は $x = c$ で微分可能で $a < c + h < b$ を満たす $h > 0$ に対して $f(c+h) \leqq f(c)$ なので

$$\frac{f(c+h) - f(c)}{h} \leqq 0 \quad \text{したがって} \quad f'(c) = \lim_{h \to +0} \frac{f(c+h) - f(c)}{h} \leqq 0$$

同様に，$a < c + k < b$ を満たす $k < 0$ に対して，$f(c+k) \leqq f(c)$ なので

$$\frac{f(c+k) - f(c)}{k} \geqq 0 \quad \text{したがって} \quad f'(c) = \lim_{k \to -0} \frac{f(c+k) - f(c)}{k} \geqq 0$$

ゆえに，$f'(c) = 0$ が成り立つ．$x = c$ で最小値 $f(c)$ をとる場合も同様の議論をすればよい． ◇

　本節において，"関数 $f(x)$ が閉区間 $[a, b]$ で連続，開区間 (a, b) で微分可能ならば，…" という表現がくり返し使われているが，これには両端の点 a, b での微分可能性は問わない，という意味が込められている．数学書では簡明な記述に心がけるとともに，不要な条件はつけないという姿勢が強く貫かれている．

例 5.1 関数 $f(x) = |x|$ （$-1 \leqq x \leqq 1$）は $f(-1) = f(1) = 1$ であるが，ロルの定理の結論は成り立たない．これは，$f(x)$ が $x = 0$ で微分可能でないからである．したがって，ロルの定理で微分可能という仮定は落とせない． ◆

平均値の定理

　次に，単に平均値の定理と呼ばれるラグランジュの平均値の定理について考える．ロルの定理における $f(a) = f(b)$ の条件を外したときも，ロルの

定理と同様に閉区間 $[a,b]$ で微分可能な関数 $f(x)$ のグラフは有界な範囲に留まるので，2 点 $(a,f(a))$ と $(b,f(b))$ を結ぶ線分に対し，この線分に平行な直線を十分離れたところからだんだんこのグラフに近づけていくと，直線は $f(x)$ のグラフに端点でないところで接触する．このとき，この直線は最初に接触したところでこのグラフの接線になっている．これがラグランジュの平均値の定理である．

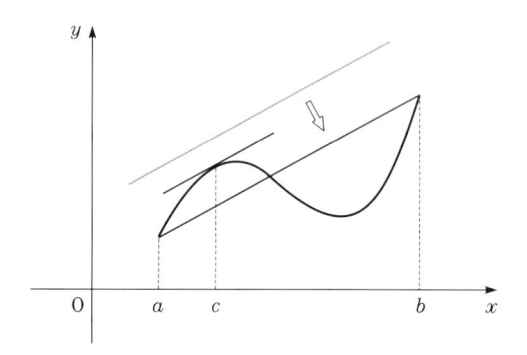

定理 5.2（平均値の定理） 関数 $f(x)$ が閉区間 $[a,b]$ で連続，開区間 (a,b) で微分可能ならば，

$$f'(c) = \frac{f(b)-f(a)}{b-a} \quad (a<c<b)$$

を満たす点 c が少なくとも 1 つある．

［証明］ これはロルの定理を x 軸の代わりに $(a,f(a))$ と $(b,f(b))$ を通る直線を基準にして考えたもので，この直線の方程式は，

$$g(x) = \frac{f(b)-f(a)}{b-a}(x-a) + f(a)$$

である．したがって，$F(x) = f(x) - g(x)$ とおくと $F(a) = F(b) = 0$ となり，$F(x)$ はロルの定理の仮定を満たす．したがって，$F'(c) = 0$ となる点 $c\,(a<c<b)$ がある．ゆえに，

$$F'(c) = f'(c) - \frac{f(b)-f(a)}{b-a} = 0 \quad \text{または} \quad f'(c) = \frac{f(b)-f(a)}{b-a}. \quad \diamond$$

§5. 関数の増減と平均値の定理

平均値の定理で $f(a)=f(b)$ とおくと，ロルの定理である．

系 関数 $f(x)$ が閉区間 $[a,b]$ で連続かつ開区間 (a,b) でその導関数が常に 0 ならば，$f(x)$ は $[a,b]$ で定数関数である．

［証明］ 任意の x ($a<x\leq b$) に対し，平均値の定理より
$$f(x)-f(a)=f'(c)(x-a)$$
となる点 c ($a<c<x$) がある．$f'(c)=0$ だから $f(x)=f(a)$．したがって，$f(x)$ は $[a,b]$ で定数関数である． ◇

例題 5.1 微分可能な関数 $f(x)$ について，

（1） $f'(x)=k$（定数）ならば，
$$f(x)=kx+\ell \quad (\ell:\text{定数})$$
であることを示せ．

（2） $f'(x)=kf(x)$（k：定数）ならば，
$$f(x)=Ce^{kx} \quad (C:\text{定数})$$
の形であることを示せ．

【解】（1） $g(x)=f(x)-kx$ とおくと，$g'(x)=0$ より $g(x)=\ell$（定数）．すなわち，$f(x)=kx+\ell$．

（2） $h(x)=f(x)e^{-kx}$ とおくと
$$h'(x)=f'(x)e^{-kx}-kf(x)e^{-kx}=(f'(x)-kf(x))e^{-kx}=0.$$
ゆえに $h(x)=C$（定数）．したがって，$f(x)=Ce^{kx}$．　◆

問 5.1 微分可能な関数 $f(x),g(x)$ について，任意の x に対して

（1） $f'(x)=g'(x)$ ならば，$f(x)=g(x)+C$（C は定数）であることを示せ．

（2） $g(x)\neq 0$ とするとき，$f(x)g'(x)-f'(x)g(x)=0$ ならば，$f(x)=Cg(x)$（C は定数）であることを示せ．

コーシーの平均値の定理

次に，応用が多く重要なコーシーの平均値の定理について述べよう．

定理 5.3（コーシー） $f(x), g(x)$ を閉区間 $[a, b]$ で連続，開区間 (a, b) で微分可能かつ $g'(x) \neq 0$ なる関数とする．このとき，

$$\frac{f(b) - f(a)}{g(b) - g(a)} = \frac{f'(c)}{g'(c)} \qquad (a < c < b)$$

を満たす点 c が少なくとも1つある．

また，この定理で $g(x) = x$ ととると，平均値の定理を得る．

［証明］ この定理は，

$$F(x) = \{f(x) - f(a)\} - \frac{f(b) - f(a)}{g(b) - g(a)} \{g(x) - g(a)\}$$

とおいて，$F(x)$ にロルの定理を適用すると得られる．すなわち，

$$F'(x) = f'(x) - \frac{f(b) - f(a)}{g(b) - g(a)} g'(x) \qquad かつ \qquad F'(c) = 0$$

となる点 $c\,(a < c < b)$ があるから，

$$\frac{f'(c)}{g'(c)} = \frac{f(b) - f(a)}{g(b) - g(a)}. \qquad \diamondsuit$$

問 5.2 コーシーの平均値の定理の仮定の下に，$g(b) \neq g(a)$ が成り立つことを示せ．

関数 $f(x), g(x)$ に平均値の定理を用いて

$$f(b) - f(a) = f'(\xi_1)(b - a), \qquad g(b) - g(a) = g'(\xi_2)(b - a)$$

より

$$\frac{f(b) - f(a)}{g(b) - g(a)} = \frac{f'(\xi_1)}{g'(\xi_2)}$$

となることから，平均値の定理とコーシーの平均値の定理は同じであると考えてはいけない．

不定形の極限値

コーシーの平均値の定理の応用として, 不定形の極限値を求めるのに便利なロピタルの定理を得る. 不定形とは, $x \to a \pm 0$ のとき, $\dfrac{f(x)}{g(x)}$, $f(x)^{g(x)}$, $f(x) - g(x)$ などにおいて見かけ上 $\dfrac{0}{0}$, $\dfrac{\infty}{\infty}$, $0 \times \infty$, $\infty - \infty$, 1^{∞}, 0^0, ∞^0 などの形になるものをいう. しかし不定形は, 適当な変換により $\dfrac{0}{0}$ や $\dfrac{\infty}{\infty}$ の場合に帰着できる.

定理 5.4 (ロピタル) 関数 $f(x)$, $g(x)$ は開区間 (a, b) で微分可能かつ, そこで $g'(x) \neq 0$ とする. このとき,

 (i) $\displaystyle\lim_{x \to a+0} f(x) = \lim_{x \to a+0} g(x) = 0$

または

 (ii) $\displaystyle\lim_{x \to a+0} f(x) = \pm\infty = \lim_{x \to a+0} g(x)$

ならば,

$$\lim_{x \to a+0} \frac{f'(x)}{g'(x)} = A \quad\text{が存在するとき,}\quad \lim_{x \to a+0} \frac{f(x)}{g(x)} = A$$

である (ただし, $-\infty \leqq A \leqq +\infty$).

[証明] (i) についてのみ証明を与える. いま, $f(a) = g(a) = 0$ とおくと, $f(x)$, $g(x)$ は $x = a$ で右側連続となる. そこで, 閉区間 $[a, x]$ においてコーシーの平均値の定理を用いると,

$$\frac{f(x)}{g(x)} = \frac{f(x) - f(a)}{g(x) - g(a)} = \frac{f'(\xi)}{g'(\xi)} \qquad (a < \xi < x)$$

を満たす ξ が存在する. $x \to a+0$ のとき $\xi \to a+0$ となり,

$$\lim_{x \to a+0} \frac{f(x)}{g(x)} = \lim_{\xi \to a+0} \frac{f'(\xi)}{g'(\xi)} = A . \quad \diamond$$

注意 (ii) についても証明の本質は同じだが少し複雑である (付録 4 参照).

なお，$x \to a+0$ の代わりに，$x \to b-0$, $x \to +\infty$, $x \to -\infty$ のときも同様の定理が成立する．

例題 5.2 次の極限値を求めよ．

(1) $\displaystyle\lim_{x\to 0}\frac{x-\sin x}{x^3}$ (2) $\displaystyle\lim_{x\to 1+0}\frac{\log x}{x-1}$

(3) $\displaystyle\lim_{x\to +0}x^x$ (4) $\displaystyle\lim_{x\to \infty}\frac{\log x}{x^a}$ ($a>0$)

【解】 (1) $\displaystyle\lim_{x\to 0}\frac{x-\sin x}{x^3}=\lim_{x\to 0}\frac{1-\cos x}{3x^2}=\lim_{x\to 0}\frac{\sin x}{6x}=\frac{1}{6}\lim_{x\to 0}\frac{\sin x}{x}=\frac{1}{6}$

(2) $\displaystyle\lim_{x\to 1+0}\frac{\log x}{x-1}=\lim_{x\to 1+0}\frac{\frac{1}{x}}{1}=1$

(3) $y=x^x$ とおくと $\log y=x\log x$ より，

$$\lim_{x\to +0}x\log x=\lim_{x\to +0}\frac{\log x}{\frac{1}{x}}=\lim_{x\to +0}\frac{\frac{1}{x}}{-\frac{1}{x^2}}=\lim_{x\to +0}(-x)=0.$$

ゆえに，

$$\lim_{x\to +0}x^x=\lim_{x\to +0}e^{\log y}=\lim_{x\to +0}e^{x\log x}=e^0=1.$$

(4) $\displaystyle\lim_{x\to \infty}\frac{\log x}{x^a}=\lim_{x\to \infty}\frac{\frac{1}{x}}{ax^{a-1}}=\lim_{x\to \infty}\frac{1}{ax^a}=0.$ ◆

問 5.3 次の極限値を求めよ．

(1) $\displaystyle\lim_{x\to 0}\frac{1-\cos x}{x^2\cos x}$ (2) $\displaystyle\lim_{x\to 0}\left(\frac{1}{\sin x}-\frac{1}{x}\right)$

(3) $\displaystyle\lim_{x\to 0}\frac{a^x-b^x}{x}$ (4) $\displaystyle\lim_{x\to 1}\left(\frac{x}{x-1}-\frac{1}{\log x}\right)$

(5) $\displaystyle\lim_{x\to \infty}x\log\left|\frac{x-a}{x+a}\right|$ (6) $\displaystyle\lim_{x\to \infty}\frac{\log(1+2^x)}{x}$

問 5.4 次の極限値の計算は正しいか，もし正しくないならばどこが誤りか．

$$\lim_{x\to 0}\frac{1+\cos x}{1-x^2}=\lim_{x\to 0}\frac{-\sin x}{-2x}=\frac{1}{2}\lim_{x\to 0}\frac{\sin x}{x}=\frac{1}{2}$$

関数の増減と極値

関数 $f(x)$ に対し，$f'(x)$ は $f(x)$ のグラフ上の点 $(x, f(x))$ における接線の傾きを表すから，$f(x)$ は $f'(c) > 0$ ならば $x = c$ において増加し，$f'(c) < 0$ ならば $x = c$ において減少することは容易に想像される．ここで，区間での単調性の判定法として次の定理がある．

定理 5.5 閉区間 $[a, b]$ で連続で，開区間 (a, b) で微分可能な関数 $f(x)$ がこの区間の各点において $f'(x) > 0$ ならば，$f(x)$ はこの区間で単調増加であり，$f'(x) < 0$ ならば単調減少である．

［証明］$[a, b]$ 内の任意の 2 点 x_1, x_2 に対し平均値の定理より
$$\frac{f(x_2) - f(x_1)}{x_2 - x_1} = f'(c)$$
なる点 c がある．したがって，$f'(x) > 0$ のとき $f'(c) > 0$ だから $f(x_2) - f(x_1)$ と $x_2 - x_1$ は同符号である．ゆえに $f(x)$ は単調増加である．同様に，$f'(x) < 0$ のとき $f'(c) < 0$ だから $f(x_2) - f(x_1)$ と $x_2 - x_1$ は異符号である．ゆえに $f(x)$ は単調減少である．　◇

例題 5.3 次の不等式を示せ．
$$\log(1 + x) < x \quad (x > 0).$$

【解】$f(x) = x - \log(1 + x)$ とおくと
$$f'(x) = 1 - \frac{1}{1+x} = \frac{x}{1+x} > 0.$$
したがって，$f(x)$ は $f(0) = 0$ かつ $x > 0$ のとき単調増加となり $f(x) > 0$，すなわち $x > 0$ のとき $\log(1 + x) < x$ である．　◆

問 5.5 次の不等式を示せ．

(1) $x > \sin x \quad (x > 0)$　　　(2) $\log(1 + x) > x - \dfrac{x^2}{2} \quad (x > 0)$

極大と極小

開区間 (a, b) で定義された関数 $f(x)$ が $x = c$ において**極大**(または**極小**)であるとは，$x = c$ を含む十分小さい区間 $[c - \delta, c + \delta]$ ($\delta > 0$) では $f(c)$ がその区間での狭義の最大値(または最小値)になっていることをいう．すなわち，その区間 $[c - \delta, c + \delta]$ のすべての x ($x \neq c$) に対して $f(x) < f(c)$ (または $f(x) > f(c)$) となっている．このとき，$f(c)$ を $f(x)$ の 1 つの**極大値**(または**極小値**)という．極大値と極小値を合せて**極値**という．直観的には，極大(値)とは山の頂上であり，極小(値)とは谷の底である．

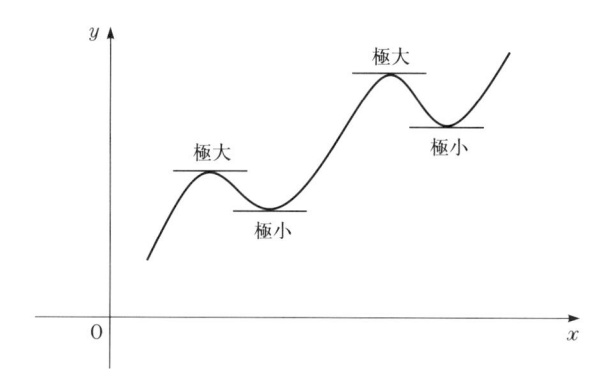

関数 $f(x)$ が極値をとるための必要条件として次の定理が知られている．

定理 5.6 関数 $f(x)$ が微分可能であるとき，$x = c$ で極値をとるならば，$f'(c) = 0$ である．　◇

証明は，ロルの定理の証明と同じである．

例題 5.4 次の関数 $f(x)$ の増減を調べ極値を求めよ．さらに，そのグラフの概形を描け．
$$f(x) = x^3 - 6x^2 + 9x - 2.$$

§5. 関数の増減と平均値の定理

【解】 $f'(x) = 3x^2 - 12x + 9 = 3(x-1)(x-3)$

であり，$f'(x) = 0$ となるのは，$x = 1$ および $x = 3$ で，その増減表とグラフは次のようになり，$x = 1$ で極大値 2 および $x = 3$ で極小値 -2 をとる． ◆

x	$x < 1$	1	$1 < x < 3$	3	$3 < x$
$f'(x)$	+	0	−	0	+
$f(x)$	↗	2	↘	-2	↗

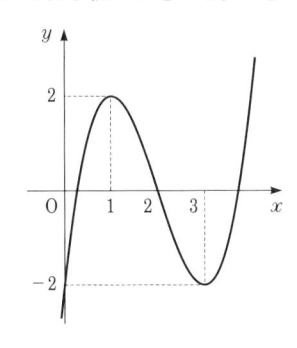

問 5.6 次の関数 $f(x)$ の増減および極値を調べ，そのグラフの概形を描け．

(1) $f(x) = x^3 - 6x^2 + 11x - 6$

(2) $f(x) = \dfrac{x^2 - x + 2}{x^2 + x + 2}$

(3) $f(x) = x\sqrt{ax - x^2}$ $(a > 0)$

(4) $f(x) = e^{-x^2}$

練習問題 5

1. 関数 $f(x)$ を
$$f(x) = A(x - a_1)(x - a_2)(x - a_3) \quad (a_1 < a_2 < a_3,\ A\text{ は定数})$$
とする．このとき，$f'(x) = 0$ は $a_1 < b_1 < a_2 < b_2 < a_3$ を満たす解 b_1, b_2 をもつことを示せ．

2. 微分可能な関数 $f(x)$ が
$$xf'(x) = kf(x) \quad (k: \text{自然数})$$
を満たすとき，$f(x)$ はどのような形の関数か．

3. 関数 $f(x)$ は閉区間 $[0, \pi]$ で連続で，開区間 $(0, \pi)$ で微分可能とする．このとき，$[0, \pi]$ において関数 $g(x) = f(x)\sin x$ にロルの定理を適用するとどのようなことがいえるか．

4. 次の極限値を求めよ（a, b は定数）．

(1) $\displaystyle\lim_{x\to 0}\frac{\arctan x}{x}$ 　　(2) $\displaystyle\lim_{x\to 0}\left(\frac{a^x+b^x}{2}\right)^{\frac{1}{x}}$ 　　(3) $\displaystyle\lim_{x\to 0}\frac{b^x-1}{a^x-1}$

(4) $\displaystyle\lim_{x\to +0} x\log\left(1+\frac{1}{x}\right)$ 　　(5) $\displaystyle\lim_{x\to\infty} x\arcsin\left(\frac{1}{x}\right)$

(6) $\displaystyle\lim_{x\to\infty} x(a^{\frac{1}{x}}-1)$ 　　(7) $\displaystyle\lim_{x\to\infty}(x^x-e^x)$

(8) $\displaystyle\lim_{x\to\infty}(1+e^x)^{\frac{1}{x}}$ 　　(9) $\displaystyle\lim_{x\to\infty}\frac{x}{(\log x)^x}$

5. 次の関数の増減と極値を調べよ．さらに，そのグラフの概形を描け．

(1) $|2x^3-4x^2-2x+4|$ 　　(2) $\sqrt{1+x}+\sqrt{1-x}$

(3) $x+\sqrt{4-x^2}$ 　　(4) $\dfrac{2x}{1+x^2}$

(5) $\dfrac{x}{\log x}$ 　（$x>0$） 　　(6) $x^2 e^{-x}$

6. 関数 $f(x)=\dfrac{p}{x^3}-\dfrac{1}{x}-q$ が極大値 0 をとるための条件を求め，そのときのグラフの概形を描け．

7. 半径 1 の円の中の長方形の周の長さの最大値を求めよ．

§6. 高次導関数と関数の展開

2次導関数と関数の凹凸

関数 $y = f(x)$ の導関数 $f'(x)$ が微分可能であるとき，$f'(x)$ の導関数を $f(x)$ の **2次導関数**といい，$f''(x)$ または $f^{(2)}(x)$ で表す．

開区間 I 上の関数 $f(x)$ が I で**下に凸**（または**上に凹**）であるとは，I 上の任意の 2 点 x_1, x_2 ($x_1 < x_2$) と，$0 < t < 1$ となるすべての t に対して，
$$f((1-t)x_1 + tx_2) < (1-t)f(x_1) + tf(x_2) \qquad (*)$$
が成り立つことである．また，関数 $f(x)$ が I で**上に凸**（または**下に凹**）であるとは，関数 $-f(x)$ が I で下に凸であることとする．

$f(x)$ が I で下に凸であるとは，$y = f(x)$ のグラフ上の任意の 2 点 P_1, P_2 を結ぶ線分が，この線分によって切り取られるグラフの部分より上側にあることを示している．また I 上の ある点 a の前後で，$f(x)$ の凹凸が変わるとき，点 $(a, f(a))$ を曲線 $y = f(x)$ の**変曲点**という．

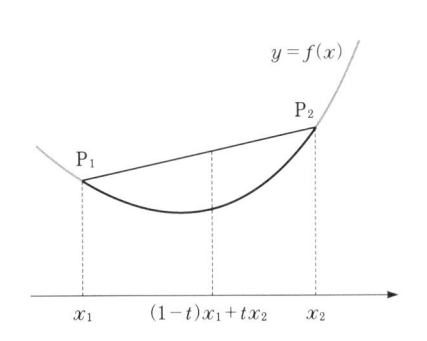

2次導関数の符号の正負を調べると，関数の凹凸や変曲点がわかる．

定理 6.1 関数 $f(x)$ が開区間 I 上で 2 回微分可能であるとき，

(1) I 上で $f''(x) > 0$ ならば，$f(x)$ は I で下に凸である．

(2) I 上で $f''(x) < 0$ ならば，$f(x)$ は I で上に凸である．

(3) $f''(a) = 0$ となる I 上の点 $x = a$ の前後で，関数 $f''(x)$ の符号が変わるならば，点 $(a, f(a))$ は曲線 $y = f(x)$ の変曲点である．

[証明]（1） $f(x)$ が I 上で $f''(x) > 0$ ならば，定理 5.5 から，$f'(x)$ は単調増加関数となる．I の任意の 2 点 x_1, x_2（$x_1 < x_2$）に対して
$$g(t) = (1-t)f(x_1) + tf(x_2) - f((1-t)x_1 + tx_2) \quad (0 \leqq t \leqq 1)$$
とおく．このとき
$$g'(t) = f(x_2) - f(x_1) - (x_2 - x_1)f'((1-t)x_1 + tx_2)$$
が成り立ち，$f'(x)$ が単調増加関数だから，$g'(t)$ は単調減少関数になる．一方，$g(0) = g(1) = 0$ だから，ロルの定理によって $g'(c) = 0$ となる c（$0 < c < 1$）が存在する．よって，$g'(t)$ の符号は t が増加するにつれて，正，0，負と変化することになる．したがって
$$g(t) > 0 \quad (0 < t < 1)$$
が成り立つ．よって前ページの式（∗）より $f(x)$ は I で下に凸となる．

（2） $f(x)$ が I 上で $f''(x) < 0$ ならば，(1) より $-f(x)$ は I で下に凸となるから，$f(x)$ は I で上に凸である．

（3） $f''(a) = 0$ となる I 上の点 $x = a$ の前後で，関数 $f''(x)$ の符号が変わるならば，(1) と (2) より $f(x)$ の凹凸が変わるから，点 $(a, f(a))$ は曲線 $y = f(x)$ の変曲点である．　◇

例題 6.1 関数 $y = \dfrac{1}{4}x^4 + x^3$ の増減・極値・凹凸・変曲点を調べて，グラフの概形を描け．

【解】 $y' = x^2(x+3), \quad y'' = 3x(x+2)$
から $y' = 0$ とすると，$x = 0, -3$ である．また，$y'' = 0$ とすると，$x = 0, -2$ である．したがって，増減表は次のページのようになる．

よって，関数は $x = -3$ で極小値 $-\dfrac{27}{4}$ をとる．この曲線の変曲点は $(-2, -4)$ と $(0, 0)$ の 2 点である．また，$y = 0$ とすると，$x = 0, -4$ となるから，この曲線と x 軸との交点は $(0, 0)$，$(-4, 0)$ の 2 点である．

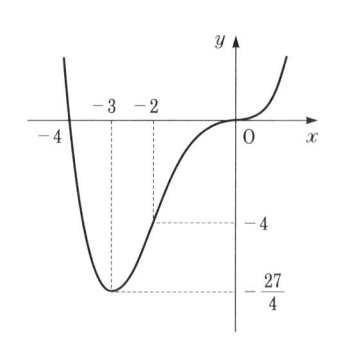

以上のことから，このグラフの概形は前のページの図のようになる． ◆

x	$x<-3$	-3	$-3<x<-2$	-2	$-2<x<0$	0	$0<x$
y'	$-$	0	$+$	$+$	$+$	0	$+$
y''	$+$	$+$	$+$	0	$-$	0	$+$
y	↘	極小	↗	変曲点	↗	変曲点	↗

高次導関数

関数 $f(x)$ が順次 n 回まで微分可能であるとき，n 回微分して得られた関数を $f(x)$ の **n 次導関数**（または n 階導関数）といい，

$$f^{(n)}(x), \quad \frac{d^n f(x)}{dx^n}, \quad y^{(n)}, \quad \frac{d^n y}{dx^n}$$

などで表す．ただし，$f^{(0)}(x) = f(x)$ とする．2 回以上微分した導関数を**高次導関数**という．

区間 I 上の関数 $f(x)$ が I で n 回微分可能で，n 次導関数 $f^{(n)}(x)$ が I で連続ならば，$f(x)$ は I で **C^n 関数**であるという．

例題 6.2 次の関数 y の n 次導関数 $y^{(n)}$ を求めよ．

(1) $y = e^x$ (2) $y = \sin x$

【解】(1) $y' = e^x, \quad y'' = e^x, \quad \cdots, \quad y^{(n)} = e^x$

(2) $y' = \cos x = \sin\left(x + \dfrac{\pi}{2}\right),$

$y'' = \cos\left(x + \dfrac{\pi}{2}\right) = \sin\left(x + \dfrac{2}{2}\pi\right), \quad \cdots,$

$y^{(n)} = \sin\left(x + \dfrac{n}{2}\pi\right).$ ◆

問 6.1 次の関数 y の n 次導関数 $y^{(n)}$ を求めよ．

(1) $y = \cos x$ (2) $y = (1+x)^\alpha$ （$x > -1$, α は定数）

定理 6.2（ライプニッツの定理） 関数 $f(x)$, $g(x)$ が n 回微分可能であるならば，その積 $f(x)\,g(x)$ も n 回微分可能であり，
$$(f \cdot g)^{(n)} = f^{(n)} \cdot g + {}_nC_1 f^{(n-1)} \cdot g' + {}_nC_2 f^{(n-2)} \cdot g'' + \cdots + {}_nC_n f \cdot g^{(n)}$$
が成り立つ．この等式を**ライプニッツの公式**という．

[証明] n に関する数学的帰納法を用いて示す．

$n=1$ のとき，$(f \cdot g)' = f' \cdot g + f \cdot g'$ であるから，公式が成り立つ．

$n=k$ のとき，公式が成り立つと仮定して，数学的帰納法を用いる．この両辺を微分すると，
$$\begin{aligned}(f \cdot g)^{(k+1)} &= \{f^{(k+1)} \cdot g + f^{(k)} \cdot g'\} + {}_kC_1\{f^{(k)} \cdot g' + f^{(k-1)} \cdot g''\} \\ &\quad + {}_kC_2\{f^{(k-1)} \cdot g'' + f^{(k-2)} \cdot g^{(3)}\} + \cdots \\ &\quad + {}_kC_k\{f' \cdot g^{(k)} + f \cdot g^{(k+1)}\} \\ &= f^{(k+1)} \cdot g + \{{}_kC_0 + {}_kC_1\}f^{(k)} \cdot g' \\ &\quad + \{{}_kC_1 + {}_kC_2\}f^{(k-1)} \cdot g'' + \cdots + f \cdot g^{(k+1)}\end{aligned}$$
を得る．そこで，2 項係数 ${}_kC_j$ ($j=0,1,\cdots,k$) の性質
$${}_kC_0 + {}_kC_1 = {}_{k+1}C_1, \quad {}_kC_1 + {}_kC_2 = {}_{k+1}C_2, \quad \cdots,$$
$${}_kC_{j-1} + {}_kC_j = {}_{k+1}C_j, \quad \cdots$$
を用いると，
$$\begin{aligned}(f \cdot g)^{(k+1)} &= f^{(k+1)} \cdot g + {}_{k+1}C_1 f^{(k)} \cdot g' + {}_{k+1}C_2 f^{(k-1)} \cdot g'' \\ &\quad + \cdots + {}_{k+1}C_{k+1} f \cdot g^{(k+1)}\end{aligned}$$
となる．これは，公式が $n=k+1$ に対しても成り立つことを示す．

よって，ライプニッツの公式はすべての自然数 n について成り立つ．　◇

例題 6.3 $y = x^2 \sin x$ のとき，ライプニッツの公式を用いて，$y^{(n)}$ を求めよ．

【解】 $(x^2)' = 2x$, $(x^2)'' = 2$, $(x^2)^{(k)} = 0$ ($k \geqq 3$)．また，例題 6.2 (2) より
$$(\sin x)^{(k)} = \sin\left(x + \frac{k}{2}\pi\right) \quad (k=1,2,\cdots)$$
であるから，ライプニッツの公式より

§6. 高次導関数と関数の展開

$$y^{(n)} = x^2 \sin\left(x + \frac{n}{2}\pi\right) + {}_nC_1 \cdot 2x \sin\left(x + \frac{n-1}{2}\pi\right)$$
$$+ {}_nC_2 \cdot 2 \sin\left(x + \frac{n-2}{2}\pi\right)$$
$$= x^2 \sin\left(x + \frac{n}{2}\pi\right) + 2nx \sin\left(x + \frac{n-1}{2}\pi\right)$$
$$+ n(n-1) \sin\left(x + \frac{n-2}{2}\pi\right)$$

となる．　◆

問 6.2 ライプニッツの公式を用いて，次の関数 y の n 次導関数 $y^{(n)}$ を求めよ．
（1） $y = x^2 \cos x$ 　　　　（2） $y = x^2 e^x$

テーラーの定理とマクローリンの定理

平均値の定理を n 回微分まで拡張すると，次のテーラーの定理が得られる．

定理 6.3（テーラーの定理）　関数 $f(x)$ が ある開区間 I で C^n 関数であるならば，I に含まれる任意の 2 点 a, b に対して，

$$f(b) = f(a) + \frac{f'(a)}{1!}(b-a) + \frac{f''(a)}{2!}(b-a)^2 + \cdots$$
$$+ \frac{f^{(n-1)}(a)}{(n-1)!}(b-a)^{n-1} + R_n(a, b),$$
$$R_n(a, b) = \frac{f^{(n)}(c)}{n!}(b-a)^n$$

となる c が a と b の間に少なくとも 1 つ存在する．$R_n(a, b)$ を**ラグランジュの剰余項**という．

［証明］　初めに定数 K を等式

$$f(b) = f(a) + \frac{f'(a)}{1!}(b-a) + \frac{f''(a)}{2!}(b-a)^2 + \cdots$$
$$+ \frac{f^{(n-1)}(a)}{(n-1)!}(b-a)^{n-1} + \frac{K}{n!}(b-a)^n \tag{1}$$

が成り立つように定める．次に，新しい関数 $F(x)$ を

$$F(x) = f(b) - f(x) - \frac{f'(x)}{1!}(b-x) - \cdots$$
$$- \frac{f^{(n-1)}(x)}{(n-1)!}(b-x)^{n-1} - \frac{K}{n!}(b-x)^n \qquad (2)$$

で定義する．$a < b$ の場合には，$F(x)$ は区間 $[a, b]$ で連続かつ微分可能であり，$F(a) = F(b) = 0$ を満たす．また，$a > b$ の場合には，$F(x)$ は $[b, a]$ で連続かつ微分可能であり，$F(b) = F(a) = 0$ を満たす．したがって，いずれの場合もロルの定理によって，$F'(c) = 0$ となる c（$a < c < b$ または $b < c < a$）が少なくとも1つ存在する．

一方，式 (2) の両辺を微分して，$F'(c)$ を求めると，

$$0 = F'(c) = -\frac{f^{(n)}(c)}{(n-1)!}(b-c)^{n-1} + \frac{K}{(n-1)!}(b-c)^{n-1}$$

であるから，$K = f^{(n)}(c)$ となる．

これを式 (1) に代入すれば求める結果が得られる．$\diamond$

注意 テーラーの定理は，$b = a + h$，$c = a + \theta h$ とおいて，

$$f(a+h) = f(a) + \frac{f'(a)}{1!}h + \frac{f''(a)}{2!}h^2 + \cdots + \frac{f^{(n-1)}(a)}{(n-1)!}h^{n-1} + R_n,$$
$$R_n = \frac{f^{(n)}(a+\theta h)}{n!}h^n \qquad (0 < \theta < 1)$$

と表すこともできる．

テーラーの定理において $a = 0$ とおくと，次のマクローリンの定理が得られる．

定理 6.4（マクローリンの定理） 関数 $f(x)$ が点 $x = 0$ を含むある開区間 I で C^n 関数であるならば，I に含まれる任意の点 x に対して，

$$f(x) = f(0) + \frac{f'(0)}{1!}x + \frac{f''(0)}{2!}x^2 + \cdots + \frac{f^{(n-1)}(0)}{(n-1)!}x^{n-1} + R_n(x),$$
$$R_n(x) = \frac{f^{(n)}(\theta x)}{n!}x^n$$

となる θ（$0 < \theta < 1$）が少なくとも1つ存在する．$\diamond$

§6. 高次導関数と関数の展開

例題 6.4 次の関数 $f(x)$ にマクローリンの定理を適用せよ．

(1) $f(x) = e^x$ (2) $f(x) = \sin x$

【解】 (1) 例題 6.2 (1) より，$f^{(k)}(x) = e^x$ であるから，
$$f^{(k)}(0) = 1 \quad (k = 0, 1, 2, \cdots)$$
となる．したがって，
$$e^x = 1 + \frac{x}{1!} + \frac{x^2}{2!} + \cdots + \frac{x^{n-1}}{(n-1)!} + \frac{e^{\theta x}}{n!}x^n \quad (0 < \theta < 1).$$

(2) 例題 6.2 (2) より，$f^{(k)}(x) = \sin\left(x + \frac{k}{2}\pi\right)$ であるから，
$$f^{(2k)}(0) = 0, \quad f^{(2k+1)}(0) = (-1)^k \quad (k = 0, 1, 2, \cdots)$$
となる．したがって，
$$\sin x = x - \frac{x^3}{3!} + \frac{x^5}{5!} - \cdots + (-1)^{n-1}\frac{x^{2n-1}}{(2n-1)!} + (-1)^n \frac{\sin \theta x}{(2n)!} x^{2n}$$
$$(0 < \theta < 1). \quad \blacklozenge$$

問 6.3 次の関数 $f(x)$ にマクローリンの定理を適用せよ．
(1) $f(x) = \cos x$ (2) $f(x) = (1+x)^a$ ($x > -1$, a は定数)

テーラー展開とマクローリン展開

関数 $f(x)$ がすべての自然数 n について C^n 関数であるとき，$f(x)$ は C^∞ 関数であるという．テーラーの定理 6.3 を無限回微分まで考慮すると，次のテーラー展開が得られる．

定理 6.5 (テーラー展開) 関数 $f(x)$ が ある開区間 I で C^∞ 関数であり，I に含まれる任意の 2 点 a, x に対して，
$$\lim_{n \to \infty} R_n(a, x) = 0$$
ならば，
$$f(x) = f(a) + \frac{f'(a)}{1!}(x-a) + \frac{f''(a)}{2!}(x-a)^2 + \cdots$$
$$+ \frac{f^{(n)}(a)}{n!}(x-a)^n + \cdots$$

となる．この右辺の級数を，$f(x)$ の $x=a$ を中心とする**テーラー級数**といい，関数 $f(x)$ は $x=a$ を中心として<u>テーラー展開可能</u>であるという．

◇

テーラー展開は，$a=0$ のとき，特にマクローリン展開と呼ばれる．

定理 6.6（マクローリン展開） 関数 $f(x)$ が点 $x=0$ を含む ある開区間 I で C^∞ 関数であり，I に含まれる任意の点 x に対して，

$$\lim_{n\to\infty} R_n(x) = 0$$

ならば，

$$f(x) = f(0) + \frac{f'(0)}{1!}x + \frac{f''(0)}{2!}x^2 + \cdots + \frac{f^{(n)}(0)}{n!}x^n + \cdots$$

となる．この右辺の級数を，$f(x)$ の**マクローリン級数**といい，関数 $f(x)$ は<u>マクローリン展開可能</u>であるという． ◇

例題 6.5 次の関数 $f(x)$ をマクローリン展開せよ．また，展開可能な範囲を求めよ．

（1） $f(x) = e^x$ 　　　　　（2） $f(x) = \sin x$

【解】（1）例題 6.4（1）より，

$$e^x = 1 + \frac{x}{1!} + \frac{x^2}{2!} + \cdots + \frac{x^{n-1}}{(n-1)!} + \frac{e^{\theta x}}{n!}x^n \quad (0 < \theta < 1)$$

である．このとき $e^{\theta x} \leqq e^{|x|}$ と例題 1.1 より

$$\lim_{n\to\infty} \frac{e^{\theta x}}{n!} x^n = 0 \quad (-\infty < x < \infty)$$

であるから，定理 6.6 より，

$$e^x = 1 + x + \frac{x^2}{2!} + \cdots + \frac{x^n}{n!} + \cdots \quad (-\infty < x < \infty)$$

となる．

（2）例題 6.4（2）より，

$$\sin x = x - \frac{x^3}{3!} + \frac{x^5}{5!} - \cdots + (-1)^{n-1}\frac{x^{2n-1}}{(2n-1)!}$$
$$+ (-1)^n \frac{\sin\theta x}{(2n)!} x^{2n} \qquad (0 < \theta < 1)$$

である．このとき $|(-1)^n \sin\theta x| \leqq 1$ と例題 1.1 より

$$\lim_{n\to\infty}(-1)^n \frac{\sin\theta x}{(2n)!} x^{2n} = 0 \qquad (-\infty < x < \infty)$$

であるから，定理 6.6 より，

$$\sin x = x - \frac{x^3}{3!} + \frac{x^5}{5!} - \cdots + (-1)^{n-1}\frac{x^{2n-1}}{(2n-1)!} + \cdots \qquad (-\infty < x < \infty)$$

となる．◆

問 6.4 次の関数 $f(x)$ をマクローリン展開せよ．また，展開可能な範囲を求めよ．
（1） $f(x) = \cos x$ 　　　　（2） $f(x) = \sin x + \cos x$

練習問題 6

1. 関数 $y = \dfrac{x^2 - 3}{2x - 4}$ の増減・極値・凹凸・変曲点を調べて，グラフの概形を描け．

2. 次の関数 y の n 次導関数 $y^{(n)}$ を求めよ．
　　（1） $y = \sinh x$ 　　　　（2） $y = \cosh x$

3. ライプニッツの公式を用いて，次の関数 y の n 次導関数 $y^{(n)}$ を求めよ．
　　（1） $y = x\log(1+x)$ 　　　　（2） $y = x^2 \sin^2 x$

4. 次の関数 $f(x)$ にマクローリンの定理を適用せよ．
　　（1） $f(x) = e^{2x}$ 　　　　（2） $f(x) = \log(1+x)$

5. 次の関数 $f(x)$ をマクローリン展開せよ．また，展開可能な範囲を求めよ．
　　（1） $f(x) = \sinh x$ 　　　　（2） $f(x) = \cosh x$

§7. 連続関数の定積分

区分求積法

閉区間 $[a, b]$ 内に点 $x_0 < x_1 < x_2 < \cdots < x_{n-1} < x_n$ ($x_0 = a$, $x_n = b$) をとり，これらの点によって $[a, b]$ を n 個の小区間に分割する．この**分割**を $\varDelta$ と表し

$$\varDelta : a = x_0 < x_1 < x_2 < \cdots < x_{n-1} < x_n = b$$

と書く．点 $x_1, x_2, \cdots, x_{n-1}$ を $\varDelta$ の**分点**という．$x_k - x_{k-1}$ ($k = 1, 2, \cdots, n$) の最大値を $\varDelta$ の**目**といい $m(\varDelta)$ と書く．

閉区間 $[a, b]$ 上の有界な関数 $f(x)$ と $[a, b]$ の分割 $\varDelta$ に対して，小区間 $[x_{k-1}, x_k]$ の点 ξ_k を任意に選び，

$$R(f, \varDelta, \{\xi_k\}) = \sum_{k=1}^{n} f(\xi_k)(x_k - x_{k-1})$$

の値を関数 $f(x)$ の分割 $\varDelta$ と点列 $\{\xi_k\}$ に関する**リーマン和**と呼ぶ．

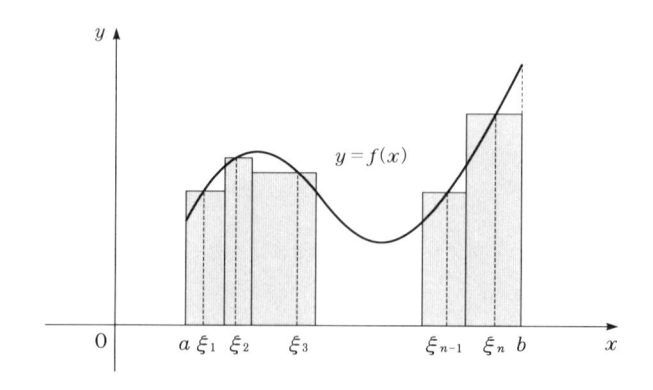

§7. 連続関数の定積分

　分割の目 $m(\Delta)$ を限りなく 0 に近づけるとき，小区間内の点 ξ_k をどのように選んでも，リーマン和 $R(f, \Delta, \{\xi_k\})$ が一定の有限な値 S に限りなく近づくならば，関数 $f(x)$ は閉区間 $[a, b]$ で**積分可能**であるという．そして，リーマン和の極限値 S を区間 $[a, b]$ における $f(x)$ の**定積分**といい，
$$\int_a^b f(x)\,dx$$
と表す．このようにリーマン和の極限として定積分を求める方法を**区分求積法**という．

　さらに，$\int_b^a f(x)\,dx = -\int_a^b f(x)\,dx$ と定義する；また $\int_a^a f(x)\,dx = 0$ と定義する．

例題 7.1 区分求積法により，次の等式が成り立つことを示せ．
$$\int_a^b x\,dx = \frac{1}{2}(b^2 - a^2).$$

【解】 閉区間 $[a, b]$ の分割
$$\Delta: a = x_0 < x_1 < \cdots < x_n = b$$
の小区間 $[x_{k-1}, x_k]$ の点 ξ_k を任意に選ぶ．小区間 $[x_{k-1}, x_k]$ の中点を ξ_k^0 とする．$\xi_k^0 = \frac{1}{2}(x_{k-1} + x_k)$ である．次の不等式が成立する．
$$\xi_k^0 - m(\Delta) \leqq x_{k-1} \leqq \xi_k \leqq x_k \leqq \xi_k^0 + m(\Delta).$$
この不等式の両端の項と中央の項に $x_k - x_{k-1}$ を掛けて k について全区間の和をとれば，次の不等式を得る．
$$\sum_{k=1}^n \{\xi_k^0 - m(\Delta)\}(x_k - x_{k-1}) \leqq R(f, \Delta, \{\xi_k\}) \leqq \sum_{k=1}^n \{\xi_k^0 + m(\Delta)\}(x_k - x_{k-1}).$$
ここに $f(x) = x$ である．
$$\sum_{k=1}^n \{\xi_k^0 \pm m(\Delta)\}(x_k - x_{k-1}) = \sum_{k=1}^n \frac{x_k^2 - x_{k-1}^2}{2} \pm m(\Delta)\sum_{k=1}^n (x_k - x_{k-1})$$
$$= \frac{b^2 - a^2}{2} \pm m(\Delta)(b - a) \quad \text{（複号同順）}$$
が成り立つので，次の不等式を得る．
$$\frac{b^2 - a^2}{2} - m(\Delta)(b - a) \leqq R(f, \Delta, \{\xi_k\}) \leqq \frac{b^2 - a^2}{2} + m(\Delta)(b - a).$$

ここで $m(\Delta) \to 0$ となるように分割を細かくする．このとき上式の左右両端の値はともに $\frac{1}{2}(b^2 - a^2)$ に収束する．したがって，次の等式を得る．
$$\int_a^b x\, dx = \lim_{m(\Delta) \to 0} R(f, \Delta, \{\xi_k\}) = \frac{1}{2}(b^2 - a^2)\,. \quad \blacklozenge$$

連続関数の積分可能性と定積分の性質

閉区間 $[a, b]$ の2つの分割
$$\Delta: a = x_0 < x_1 < x_2 < \cdots < x_{n-1} < x_n = b,$$
$$\Delta': a = y_0 < y_1 < y_2 < \cdots < y_{k-1} < y_k = b$$
について，

(1) Δ の分点 x_i がすべて Δ' の分点になっている場合，分割 Δ' は分割 Δ の**細分**であるという．

(2) Δ と Δ' の分点をすべて集めたものを分点にもつ分割を $\Delta \cup \Delta'$ で表す．$\Delta \cup \Delta'$ は Δ と Δ' の共通の細分である．

閉区間 $[a, b]$ 上で定義された連続関数 $f(x)$ と $[a, b]$ の分割 $\Delta: a = x_0 < x_1 < \cdots < x_{n-1} < x_n = b$ に対して，小区間 $[x_{i-1}, x_i]$ における関数 $f(x)$ の最大値と最小値を M_i, m_i とする．さらに，
$$M(f, \Delta) = \sum_{i=1}^n M_i(x_i - x_{i-1}), \qquad m(f, \Delta) = \sum_{i=1}^n m_i(x_i - x_{i-1})$$
と定める．このとき，本節冒頭で定義したリーマン和 $R(f, \Delta, \{\xi_k\})$ との間に次の不等式が成り立つ．
$$m(f, \Delta) \leq R(f, \Delta, \{\xi_k\}) \leq M(f, \Delta)\,.$$
また，分割 Δ' が分割 Δ の細分であれば，次の不等式が成り立つ．
$$m(f, \Delta) \leq m(f, \Delta') \leq M(f, \Delta') \leq M(f, \Delta)\,.$$
閉区間 $[a, b]$ の分割の列 $\{\Delta_k\}$ で，次の2条件を満たすものを考えよう．

(a) Δ_{k+1} は Δ_k の細分である（ $k = 1, 2, \cdots$ ），

(b) $\lim_{k \to \infty} m(\Delta_k) = 0$ ．

条件 (a) より次の不等式が成り立つ．

§7. 連続関数の定積分

$$m(f, \Delta_k) \leqq m(f, \Delta_{k+1}) \leqq M(f, \Delta_{k+1}) \leqq M(f, \Delta_k).$$

この結果, 2つの実数列 $\{m(f, \Delta_k)\}$, $\{M(f, \Delta_k)\}$ は有界な単調数列になり, 極限値 $\lim_{k \to \infty} m(f, \Delta_k)$, $\lim_{k \to \infty} M(f, \Delta_k)$ の存在がわかる. 一般に,

$$\lim_{k \to \infty} m(f, \Delta_k) \leqq \lim_{k \to \infty} M(f, \Delta_k) \tag{$*$}$$

である. この両辺の値が等しく, 分割の列の選び方に無関係に一定の値 S になれば, リーマン和も S に収束することになる.

[I] 条件 (a), (b) を満たす2つの分割の列 $\{\Delta_k\}$, $\{\Delta'_k\}$ に対して, 上の ($*$) における両辺の値が等しければ, $\{\Delta_k\}$, $\{\Delta'_k\}$ に対するその値は一致することを示そう.

分割とその細分に関する考察により, 次の不等式を得る.

$$m(f, \Delta_k) \leqq m(f, \Delta_k \cup \Delta'_k) \leqq M(f, \Delta_k \cup \Delta'_k) \leqq M(f, \Delta'_k),$$
$$m(f, \Delta'_k) \leqq m(f, \Delta_k \cup \Delta'_k) \leqq M(f, \Delta_k \cup \Delta'_k) \leqq M(f, \Delta_k).$$

この結果, 次の不等式を得る.

$$\lim_{k \to \infty} m(f, \Delta_k) \leqq \lim_{k \to \infty} M(f, \Delta'_k), \qquad \lim_{k \to \infty} m(f, \Delta'_k) \leqq \lim_{k \to \infty} M(f, \Delta_k).$$

よって, この4つの極限値は一致する.

結局, 条件 (a), (b) を満たす分割の列の選び方によらず, ($*$) の両辺の値が等しければ, その値は分割の列の選び方に無関係であることがわかった.

[II] 次に, 閉区間 $[a, b]$ 上の任意の連続関数 $f(x)$ に対して, 条件 (a), (b) を満たす分割の列に対して ($*$) の両辺の値が等しいことを示したい. その証明はこのテキストの程度を超えるので, <u>一般的証明はつけないが</u>, 特別な場合について証明を与えよう.

関数 $f(x)$ が閉区間 $[a, b]$ で単調増加な関数である場合について考察しよう. 分割 Δ_k を $a = x_0^{(k)} < x_1^{(k)} < \cdots < x_{n_k}^{(k)} = b$ と表示すると,

$$m(f, \Delta_k) = \sum_{i=1}^{n_k} f(x_{i-1}^{(k)}) (x_i^{(k)} - x_{i-1}^{(k)}),$$
$$M(f, \Delta_k) = \sum_{i=1}^{n_k} f(x_i^{(k)}) (x_i^{(k)} - x_{i-1}^{(k)})$$

が成り立つので, 条件 (b) を使ってまとめると

$$0 \leqq M(f, \Delta_k) - m(f, \Delta_k) = \sum_{i=1}^{n_k} \{f(x_i^{(k)}) - f(x_{i-1}^{(k)})\}(x_i^{(k)} - x_{i-1}^{(k)})$$

$$\leqq \sum_{i=1}^{n_k} \{f(x_i^{(k)}) - f(x_{i-1}^{(k)})\} m(\Delta_k) = \{f(b) - f(a)\} m(\Delta_k)$$

$$\to 0 \quad (k \to \infty).$$

すなわち,条件 (a), (b) を満たす分割の列に対して (∗) の両辺の値が等しいことがわかった.

単調減少な関数の場合も同様に成り立ち,さらに区間 $[a, b]$ を有限個の小区間に分割して,各小区間において単調増加または単調減少であるようにできる関数に対しても,条件 (a), (b) を満たす分割の列に対して (∗) の両辺の値が等しいことがわかる.実は,次の定理が成り立つ.

定理 7.1 閉区間上の任意の連続関数は積分可能である. ◇

閉区間 $[a, b]$ で $f(x) \geqq 0$ となる連続関数 $f(x)$ について考察しよう.前ページの不等式 (∗) の左辺の値は曲線 $y = f(x)$ と x 軸および 2 直線 $x = a, x = b$ で囲まれた図形 S に包まれた長方形の集まりの面積であり,(∗) の右辺の値は図形 S を包む長方形の集まりの面積である.よって,図形 S の**面積**をリーマン和 $R(f, \Delta, \{\xi_k\})$ の極限値と定める.

定積分について次の定理が成り立つ.証明は省く.

定理 7.2 $[a, b]$ 上の連続関数 $f(x), g(x)$ および定数 c, α, β に対して,

(1) $\displaystyle\int_a^b c \, dx = c(b - a)$.

(2) $\displaystyle\int_a^b \{\alpha f(x) + \beta g(x)\} \, dx = \alpha \int_a^b f(x) \, dx + \beta \int_a^b g(x) \, dx$

(線形性).

(3) $f(x) \leqq g(x) \ (a \leqq x \leqq b)$ のとき $\displaystyle\int_a^b f(x) \, dx \leqq \int_a^b g(x) \, dx$.

等号は $f(x) = g(x) \ (a \leqq x \leqq b)$ のときにのみ成り立つ

(狭義単調性). ◇

§7. 連続関数の定積分

定理 7.3 関数 $f(x)$ が a, b, c を含む区間で連続ならば，
$$\int_a^c f(x)\,dx = \int_a^b f(x)\,dx + \int_b^c f(x)\,dx \qquad (\text{積分区間に関する加法性}).$$
◇

定理 7.4 $f(x)$ が $[a, b]$ で連続ならば，
$$\left|\int_a^b f(x)\,dx\right| \leqq \int_a^b |f(x)|\,dx.$$
等号は $f(x)$ が $[a, b]$ 上で定符号のときにのみ，つまり
$$f(x) \geqq 0 \quad (a \leqq x \leqq b) \qquad \text{または} \qquad f(x) \leqq 0 \quad (a \leqq x \leqq b)$$
が成り立つときにのみ成り立つ． ◇

定理 7.5（**定積分に関する平均値の定理**） 関数 $f(x)$ が区間 I で連続ならば，I 上の任意の異なる 2 点 a, b に対して，その間に ξ が存在して
$$\int_a^b f(x)\,dx = f(\xi)(b - a)$$
が成り立つ．

［証明］ $a < b$ のときに示せばよい．$f(x)$ は $[a, b]$ で連続だからそこで最小値 m と最大値 M をとる．つまり $[a, b]$ に η, η' が存在して
$$f(\eta) = m, \quad f(\eta') = M$$
を満たす（次ページの図参照）．もし $m = M$ ならば
$$f(x) = m\,(= M) \quad (a \leqq x \leqq b)$$
だから $\xi = \dfrac{\eta + \eta'}{2}$ が条件を満たす．また，もし $m < M$ ならば
$$m \leqq f(x) \leqq M \quad (a \leqq x \leqq b).$$
したがって
$$m(b - a) = \int_a^b m\,dx < \int_a^b f(x)\,dx < \int_a^b M\,dx = M(b - a).$$
ゆえに
$$m < \frac{1}{b - a}\int_a^b f(x)\,dx < M.$$

よって連続関数に関する中間値の定理から η, η' の間に ξ が存在して
$$f(\xi) = \frac{1}{b-a}\int_a^b f(x)\,dx$$
が成り立つ．ξ が a と b の間にとれることは明らかである．　◇

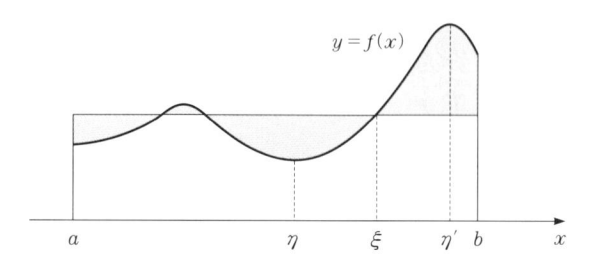

原始関数と不定積分

　関数 $P(x)$ が微分可能でその導関数が $f(x)$ であれば，$P(x)$ を $f(x)$ の**原始関数**という．

　$f(x)$ を区間 I における連続関数とし，a を I の点とする．このとき関数
$$F(x) = \int_a^x f(t)\,dt \quad (x は I の点)$$
を，a を下端とする $f(x)$ の**不定積分**という．

定理 7.6（**微分積分学の基本定理**）　連続関数 $f(x)$ の不定積分はその原始関数である．すなわち，
$$F'(x) = f(x)$$
が成り立つ．

　［証明］　$x,\ x+h$ を I の点とするとき，
$$\frac{F(x+h) - F(x)}{h} = \frac{1}{h}\left(\int_a^{x+h} f(t)\,dt - \int_a^x f(t)\,dt\right)$$
$$= \frac{1}{h}\int_x^{x+h} f(t)\,dt$$
である．定積分に関する平均値の定理から x と $x+h$ の間に ξ が存在して

$$\frac{1}{h}\int_x^{x+h} f(t)\,dt = f(\xi)$$

が成り立つ．$h \to 0$ のとき $\xi \to x$ だから $f(\xi) \to f(x)$．したがって

$$\lim_{h \to 0} \frac{F(x+h) - F(x)}{h} = f(x).$$

ゆえに，$F(x)$ は微分可能で $F'(x) = f(x)$．　◇

この定理によって，すべての連続関数は原始関数をもつことがわかる．しかし，連続でない関数で原始関数をもつものがある．言い換えると，C^1 関数でない微分可能な関数がある．

例題 7.2 次の関数 $f(x)$ は $x = 0$ において不連続だが原始関数をもつことを示せ．

$$f(x) = \begin{cases} 2x\sin\dfrac{1}{x} - \cos\dfrac{1}{x} & (x \neq 0), \\ 0 & (x = 0). \end{cases}$$

【解】 実際，次の関数 $P(x)$ がその原始関数の 1 つである．

$$P(x) = \begin{cases} x^2 \sin\dfrac{1}{x} & (x \neq 0), \\ 0 & (x = 0). \end{cases} \quad \blacklozenge$$

系 $f(x)$ が区間 I で連続ならば，$P(x)$ を $f(x)$ の原始関数とするとき I 上の任意の 2 点 a, b に対して

$$\int_a^b f(x)\,dx = P(b) - P(a) \quad \left(\text{これを } \Big[P(x)\Big]_a^b \text{ と表す}\right)$$

が成り立つ．

［証明］ a を下端とする $f(x)$ の不定積分を $F(x)$ とする．$P'(x) = F'(x) = f(x)$ であるから，ある γ に対して $P(x) = F(x) + \gamma$．よって，

$$\int_a^b f(x)\,dx = F(b) = \{P(b) - \gamma\} - \{P(a) - \gamma\}$$
$$= P(b) - P(a). \quad ◇$$

例題 7.3 数列 $\{a_n\}$ を次のように定める.
$$a_n = 1 + \frac{1}{2} + \cdots + \frac{1}{n} - \log n \quad (n \geqq 1).$$
この数列が収束することを示せ（その極限を**オイラーの数**と呼ぶ）.

【解】 $n \leqq x \leqq n+1$ ($n \geqq 1$) のとき $\frac{1}{n+1} \leqq \frac{1}{x} \leqq \frac{1}{n}$. したがって,
$$\frac{1}{n+1} < \int_n^{n+1} \frac{dx}{x} < \frac{1}{n} \quad \text{すなわち} \quad \frac{1}{n+1} < \log(n+1) - \log n < \frac{1}{n}$$

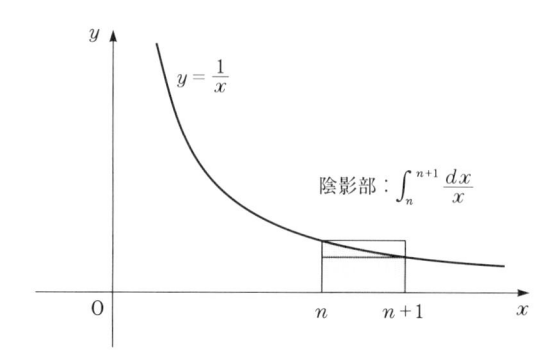

陰影部: $\int_n^{n+1} \frac{dx}{x}$

である. よって,
$$\frac{1}{2} + \frac{1}{3} + \cdots + \frac{1}{n} < \log n < 1 + \frac{1}{2} + \cdots + \frac{1}{n-1} \quad (n \geqq 2).$$
ゆえに, 数列 $\{a_n\}$ は下に有界かつ単調減少である. 実際,
$$a_n > 0 \quad \text{かつ} \quad a_{n+1} - a_n = \frac{1}{n+1} - \log(n+1) + \log n < 0.$$
したがって $\{a_n\}$ は収束する. ◆

練習問題 7

1. 〔　〕内の関数が区間 $[0,1]$ で積分可能であることに注意し, 区分求積法を利用して指定された極限を定積分で表せ.

(1) $\displaystyle\lim_{n\to\infty} \frac{1 + 2^k + \cdots + n^k}{n^{k+1}}$ 〔$f(x) = x^k$；ただし k は自然数〕

(2) $\displaystyle\lim_{n\to\infty} \frac{1}{n}\left\{\left(1 + \frac{1}{n}\right)^2 + \left(1 + \frac{2}{n}\right)^2 + \cdots + \left(1 + \frac{n}{n}\right)^2\right\}$ 〔$f(x) = (1+x)^2$〕

§7. 連続関数の定積分

2. 等式
$$\sum_{k=0}^{n-1}\int_0^1 x^k\,dx = \sum_{k=0}^{n-1}\int_0^1 (1-x)^k\,dx$$
が成り立つことに注意し，その両辺を計算することによって次の等式を示せ．
$$\sum_{k=1}^n \frac{1}{k} = \sum_{k=1}^n \frac{(-1)^{k-1}}{k}{}_nC_k \qquad ({}_nC_k \text{ は2項係数})$$

3. 次の関数 $f(x)$ を微分せよ．

(1) $f(x) = \displaystyle\int_0^x \frac{t^2-t+1}{t^2+t+1}\,dt$ (2) $f(x) = \displaystyle\int_\pi^{2x} \frac{\sin t}{t}\,dt$

(3) $f(x) = \displaystyle\int_x^{x^2} \sqrt{1+t^2}\,dt$

4. 次の不等式を示せ．ただし，a は正の定数とする．
$$\frac{1}{2a+3} < \int_a^{a+1} \frac{dx}{2x+1} < \frac{1}{2a+1}.$$

§8. 不定積分

不定積分

不定積分および原始関数については前節で触れているが，ここに改めて述べておこう．$f(x)$ を閉区間 $[a,b]$ で連続な関数とする．$a \leq x \leq b$ なる任意の x について区間 $[a,x]$ における定積分

$$F(x) = \int_a^x f(t)\,dt$$

を a を下端とする $f(x)$ の不定積分という．

一般に関数 $f(x)$ に対して，$P'(x) = f(x)$ となる関数 $P(x)$ が存在するとき $P(x)$ を $f(x)$ の**原始関数**といい，これを

$$\int f(x)\,dx$$

と表す．前節で示した微分積分学の基本定理は $f(x)$ が閉区間 $[a,b]$ で連続ならばこの区間上で $f(x)$ の原始関数が存在することを述べている．つまり $f(x)$ の不定積分 $F(x)$ は $f(x)$ の原始関数の1つである．また，微分積分学の基本定理における"系"（69ページ参照）で述べたように，$f(x)$ の定積分はその原始関数 $P(x)$ を用いて

$$\int_a^b f(x)\,dx = \Big[P(x)\Big]_a^b = P(b) - P(a)$$

により計算することができる．したがって，原始関数を求めることは重要であることがわかる．

いま，$F(x)$ および $G(x)$ をともに $f(x)$ の原始関数としよう．このとき

$$\{G(x) - F(x)\}' = f(x) - f(x) = 0$$

であるから，平均値の定理5.2の系（45ページ参照）によって，$G(x) -$

§8. 不定積分

$F(x)$ は定数関数である．したがって，ある定数 C が存在して
$$G(x) = F(x) + C$$
となる．この結果，与えられた関数の原始関数の違いは定数だけであるから，関数 $f(x)$ の1つの原始関数を $F(x)$ とすれば，他の原始関数は
$$\int f(x)\,dx = F(x) + C \quad (C\text{ は定数})$$
で与えられる．関数 $f(x)$ の原始関数を求めることを $f(x)$ を**積分する**という．また $f(x)$ を**被積分関数**といい，定数 C を**積分定数**という．

次の定理は微分の公式から直ちに得られる．

定理 8.1 次の等式が成立する．

 (1) $\displaystyle\int x^p\,dx = \frac{1}{p+1}x^{p+1} + C \quad (p \neq -1\text{ なる実数})$

 (2) $\displaystyle\int \frac{1}{x}\,dx = \log|x| + C$ 　　(3) $\displaystyle\int e^x\,dx = e^x + C$

 (4) $\displaystyle\int \sin x\,dx = -\cos x + C$ 　　(5) $\displaystyle\int \cos x\,dx = \sin x + C$

 (6) $\displaystyle\int \frac{1}{\cos^2 x}\,dx = \tan x + C$．　◇

関数 $f(x)$, $g(x)$ の原始関数をそれぞれ $F(x)$, $G(x)$ とし，k を定数とする．微分の性質より
$$\{F(x) \pm G(x)\}' = \{f(x) \pm g(x)\}, \qquad \{kF(x)\}' = kf(x)$$
となり以下の定理が得られる．

定理 8.2 次の等式が成立する．

 (1) $\displaystyle\int \{f(x) \pm g(x)\}\,dx = \int f(x)\,dx \pm \int g(x)\,dx \quad (\text{複号同順})$

 (2) $\displaystyle\int kf(x)\,dx = k\int f(x)\,dx \quad (k\text{ は定数})$．　◇

例題 8.1 次の関数を積分せよ．

 (1) $\sin x + \cos 2x$ 　　(2) $e^{2x-3} + \cos^2 x$ 　　(3) $\tan^2 x$

【解】（1） 上の定理 8.1 ～ 2 と $\left(\dfrac{1}{2}\sin 2x\right)' = \cos 2x$ より

$$\int (\sin x + \cos 2x)\,dx = \int \sin x\,dx + \int \cos 2x\,dx$$

$$= -\cos x + \dfrac{1}{2}\sin 2x + C$$

（2） $\displaystyle\int (e^{2x-3} + \cos^2 x)\,dx = \dfrac{1}{e^3}\int e^{2x}\,dx + \int \dfrac{1+\cos 2x}{2}\,dx$

$$= \dfrac{1}{2}\left(e^{2x-3} + x + \dfrac{1}{2}\sin 2x\right) + C$$

（3） $\displaystyle\int \tan^2 x\,dx = \int\left(-1 + \dfrac{1}{\cos^2 x}\right)dx = -x + \tan x + C.$ ◆

問 8.1 次の関数を積分せよ．

（1） $\dfrac{x^2+1}{\sqrt{x}}$　　　（2） $3x^4 + 2x^2 + x + 1$　　　（3） $\sin^2 x$

置換積分

関数 $f(x)$ の原始関数を $F(x)$ とする．このとき変数 x が他の変数 t の微分可能な関数 $x = \varphi(t)$ となっているとき，合成関数 $F(\varphi(t))$ を t で微分すれば

$$\dfrac{d}{dt}F(\varphi(t)) = \dfrac{d}{dx}F(x)\cdot\dfrac{dx}{dt} = f(x)\,\varphi'(t) = f(\varphi(t))\,\varphi'(t)$$

すなわち

$$\int f(\varphi(t))\,\varphi'(t)\,dt = F(\varphi(t)) + C = F(x) + C = \int f(x)\,dx$$

となる．このようにして積分を求める方法を**置換積分法**という．

定理 8.3（置換積分法） 微分可能な関数 $\varphi(t)$ に対して $x = \varphi(t)$ であるとすれば

$$\int f(\varphi(t))\,\varphi'(t)\,dt = \int f(x)\,dx$$

が成立する．　◇

§8. 不定積分

この定理は右辺の形の積分から左辺の形の積分を導くときにも使用される．また，$\dfrac{dx}{dt} = \varphi'(t)$ より形式的に $dx = \varphi'(t)\,dt$ を求めて，左辺に代入しても右辺が得られる．

例題 8.2 次の関数を積分せよ．

(1) $(5t-3)^{10}$ 　　　　　　　(2) $\sin t \cos^2 t$

(3) $\dfrac{e^t}{e^t + e^2}$ 　　　　　　　(4) $\dfrac{1}{\sqrt{t^2 + A}}$ 　　$(A \neq 0)$

【解】 (1) $x = 5t - 3$ とすれば $\dfrac{dx}{dt} = 5$, すなわち $dx = 5\,dt$ であるから

$$\int (5t-3)^{10}\,dt = \frac{1}{5}\int x^{10}\,dx = \frac{1}{55}x^{11} + C = \frac{1}{55}(5t-3)^{11} + C.$$

(2) $x = \cos t$ とすれば $\dfrac{dx}{dt} = -\sin t$, すなわち $dx = -\sin t\,dt$ であるから

$$\int \sin t \cos^2 t\,dt = -\int x^2\,dx = -\frac{1}{3}x^3 + C = -\frac{1}{3}\cos^3 t + C.$$

(3) $x = e^t$ とすれば $\dfrac{dx}{dt} = e^t$, すなわち $dx = e^t\,dt$ であるから

$$\int \frac{e^t}{e^t + e^2}\,dt = \int \frac{1}{x + e^2}\,dx = \log|x + e^2| + C$$
$$= \log(e^t + e^2) + C.$$

(4) $x = \log|t + \sqrt{t^2 + A}|$ とすれば $\dfrac{dx}{dt} = \dfrac{1}{\sqrt{t^2 + A}}$, すなわち $dx = \dfrac{1}{\sqrt{t^2 + A}}\,dt$ であるから

$$\int \frac{1}{\sqrt{t^2 + A}}\,dt = \int dx = \log|t + \sqrt{t^2 + A}| + C. \quad \blacklozenge$$

問 8.2 次の関数を積分せよ．

(1) $\sin^2 t \cos t$ 　　　　　　　(2) $\dfrac{3}{(3t+5)^6}$

定理 8.4 関数 $f(x)$ の導関数を $f'(x)$ とすれば，次の等式

$$\int \frac{f'(x)}{f(x)}\,dx = \log|f(x)| + C$$

が成立する．

[証明] $y=f(x)$ とすれば $\dfrac{dy}{dx}=f'(x)$, すなわち $dy=f'(x)\,dx$ であるから

$$\int \frac{f'(x)}{f(x)}\,dx = \int \frac{1}{y}\,dy = \log|y| + C = \log|f(x)| + C. \quad \diamond$$

例題 8.3 次の関数を積分せよ．

(1) $\tan x$ (2) $\dfrac{1}{x\log x}$ (3) $\dfrac{\sin x}{2\cos x + 5}$

【解】 (1) $f(x)=\cos x$ とすれば $\tan x = -\dfrac{f'(x)}{f(x)}$ であるから

$$\int \tan x\,dx = -\log|f(x)| + C = -\log|\cos x| + C.$$

(2) $f(x)=\log x$ とすれば $\dfrac{1}{x\log x}=\dfrac{f'(x)}{f(x)}$ であるから

$$\int \frac{1}{x\log x}\,dx = \log|f(x)| + C = \log|\log x| + C.$$

(3) $f(x)=2\cos x+5$ とすれば $\dfrac{\sin x}{2\cos x+5} = -\dfrac{1}{2}\dfrac{f'(x)}{f(x)}$ であるから

$$\int \frac{\sin x}{2\cos x+5}\,dx = -\frac{1}{2}\log|f(x)| + C$$

$$= -\frac{1}{2}\log|2\cos x + 5| + C. \quad \blacklozenge$$

部分積分

関数の積の微分の公式

$$\{f(x)\,g(x)\}' = f'(x)\,g(x) + f(x)\,g'(x)$$

より

$$f(x)\,g(x) + C = \int \{f(x)\,g(x)\}'\,dx$$

$$= \int \{f'(x)\,g(x) + f(x)\,g'(x)\}\,dx$$

$$= \int f'(x)\,g(x)\,dx + \int f(x)\,g'(x)\,dx$$

となるから以下の公式が得られる．

§8. 不定積分

定理 8.5（部分積分法） 微分可能な関数 $f(x)$, $g(x)$ に対して
$$\int f(x)\,g'(x)\,dx = f(x)\,g(x) - \int f'(x)\,g(x)\,dx$$
が成立する． ◇

例題 8.4 次の関数を積分せよ．

(1) $x\,e^x$ 　　　　(2) $x^2 \cos x$
(3) $\log x$ 　　　　(4) $\sqrt{x^2+A}$ 　　($A \neq 0$)

【解】 (1) 上の部分積分の公式において，関数 $f(x)$, $g'(x)$ をそれぞれ $f(x) = x$, $g'(x) = e^x$ とすれば $f'(x) = 1$, $g(x) = e^x$ であるから
$$\int x\,e^x\,dx = x\,e^x - \int e^x\,dx = x\,e^x - e^x + C = (x-1)\,e^x + C.$$

(2) 関数 $f(x)$, $g'(x)$ をそれぞれ $f(x) = x^2$, $g'(x) = \cos x$ とすれば $f'(x) = 2x$, $g(x) = \sin x$ であるから
$$\int x^2 \cos x\,dx = x^2 \sin x - 2\int x \sin x\,dx$$
となる．$h(x) = x$, $k'(x) = \sin x$ とすれば $h'(x) = 1$, $k(x) = -\cos x$ であるから，再び部分積分法により
$$\int x \sin x\,dx = -x \cos x + \int \cos x\,dx = -x \cos x + \sin x + C'$$
が得られる．よって
$$\begin{aligned}\int x^2 \cos x\,dx &= x^2 \sin x - 2\int x \sin x\,dx \\ &= x^2 \sin x - 2\sin x + 2x \cos x - 2C' \\ &= (x^2 - 2)\sin x + 2x \cos x + C \quad (C = -2C').\end{aligned}$$

(3) 関数 $f(x)$, $g'(x)$ をそれぞれ $f(x) = \log x$, $g'(x) = 1$ とすれば $f'(x) = \dfrac{1}{x}$, $g(x) = x$ であるから
$$\int \log x\,dx = x \log x - \int \frac{1}{x} \cdot x\,dx = x \log x - x + C.$$

(4) 関数 $f(x)$, $g'(x)$ をそれぞれ $f(x) = \sqrt{x^2 + A}$, $g'(x) = 1$ とすれば $f'(x) = \dfrac{x}{\sqrt{x^2 + A}}$, $g(x) = x$ であるから

$$\int \sqrt{x^2 + A}\, dx = x\sqrt{x^2 + A} - \int \frac{x^2}{\sqrt{x^2 + A}}\, dx$$
$$= x\sqrt{x^2 + A} - \int \left(\sqrt{x^2 + A} - \frac{A}{\sqrt{x^2 + A}}\right) dx$$
$$= x\sqrt{x^2 + A} - \int \sqrt{x^2 + A}\, dx + A\log|x + \sqrt{x^2 + A}| + C'.$$

最後の部分に例題 8.2 (4) の結果を用いている．ゆえに，$C' = 2C$ とおいて
$$\int \sqrt{x^2 + A}\, dx = \frac{1}{2}\left(x\sqrt{x^2 + A} + A\log|x + \sqrt{x^2 + A}|\right) + C. \quad \blacklozenge$$

問 8.3 次の関数を積分せよ．
（1） $x\log x$ （2） $x^2 \sin x$ （3） $\sqrt{x^2 + 3}$

有理関数の積分

実数を係数とする2つの多項式 $P(x), Q(x) \neq 0$ に対して $f(x) = \dfrac{P(x)}{Q(x)}$ と表される関数を**有理関数**と呼ぶ．$Q(x)$ の次数は $P(x)$ の次数より大きいとし，多項式 $Q(x)$ は実数の範囲で既約な1次式 $U_1(x), \cdots, U_n(x)$ と2次式 $V_1(x), \cdots, V_m(x)$ により
$$Q(x) = U_1(x)^{k_1} \cdot \cdots \cdot U_n(x)^{k_n} \cdot V_1(x)^{j_1} \cdot \cdots \cdot V_m(x)^{j_m}$$
と因数分解されたとする．ただし $k_1, \cdots, k_n; j_1, \cdots, j_m$ は自然数である．このとき有理関数 $f(x)$ は，実数 $a_{i\ell}, b_{i\ell}, c_{i\ell}$ に対して
$$f(x) = \frac{a_{11}}{U_1(x)} + \frac{a_{12}}{U_1(x)^2} + \cdots + \frac{a_{1k_1}}{U_1(x)^{k_1}} + \cdots$$
$$+ \frac{a_{n1}}{U_n(x)} + \frac{a_{n2}}{U_n(x)^2} + \cdots + \frac{a_{nk_n}}{U_n(x)^{k_n}}$$
$$+ \frac{b_{11}x + c_{11}}{V_1(x)} + \frac{b_{12}x + c_{12}}{V_1(x)^2} + \cdots + \frac{b_{1j_1}x + c_{1j_1}}{V_1(x)^{j_1}} + \cdots$$
$$+ \frac{b_{m1}x + c_{m1}}{V_m(x)} + \frac{b_{m2}x + c_{m2}}{V_m(x)^2} + \cdots + \frac{b_{mj_m}x + c_{mj_m}}{V_m(x)^{j_m}}$$

と部分分数の和に分解できることが知られている．具体的な有理関数をこのような部分分数分解を利用して積分しよう．

§8. 不定積分

例題 8.5 次の関数を積分せよ．

(1) $\dfrac{3x}{(x+1)^2}$ (2) $\dfrac{x+2}{2x^2-x-3}$

(3) $\dfrac{5x+2}{(x-1)(x^2-3x+4)}$

【解】（1）有理関数 $f(x)=\dfrac{3x}{(x+1)^2}$ を変形して

$$f(x)=\dfrac{3(x+1)-3}{(x+1)^2}=\dfrac{3}{x+1}-\dfrac{3}{(x+1)^2}$$

を得る．したがって

$$\int f(x)\,dx = \int \dfrac{3}{x+1}\,dx - \int \dfrac{3}{(x+1)^2}\,dx = \log|x+1|^3 + \dfrac{3}{x+1} + C.$$

（2）分母の 2 次式を因数分解すれば $(2x-3)(x+1)$ である．そこで A,B を定数として，有理関数 $f(x)=\dfrac{x+2}{2x^2-x-3}$ を部分分数の和に分解し

$$f(x)=\dfrac{x+2}{(2x-3)(x+1)}=\dfrac{A}{2x-3}+\dfrac{B}{x+1}$$

とする．両辺に $(2x-3)(x+1)$ を掛けて分母を払い，整理すれば

$$x+2=(A+2B)x+(A-3B)$$

となる．これは x に関する恒等式であるから

$$\begin{cases} A+2B=1, \\ A-3B=2 \end{cases}$$

となる．これを解いて $A=\dfrac{7}{5}$, $B=-\dfrac{1}{5}$ を得る．したがって，求める積分は

$$\int f(x)\,dx = \dfrac{7}{5}\int \dfrac{1}{2x-3}\,dx - \dfrac{1}{5}\int \dfrac{1}{x+1}\,dx$$

$$= \dfrac{7}{10}\log|2x-3| - \dfrac{1}{5}\log|x+1| + C.$$

（3）分母は既に因数分解されているから，A,B,C を定数として，有理関数 $f(x)=\dfrac{5x+2}{(x-1)(x^2-3x+4)}$ を部分分数の和に分解し

$$\dfrac{5x+2}{(x-1)(x^2-3x+4)}=\dfrac{A}{x-1}+\dfrac{Bx+C}{x^2-3x+4}$$

とする．両辺に $(x-1)(x^2-3x+4)$ を掛けて分母を払い，整理すれば

$$5x+2=(A+B)x^2-(3A+B-C)x+4A-C$$

となる．これは x に関する恒等式であるから

$$\begin{cases} A + B = 0, \\ 3A + B - C = -5, \\ 4A - C = 2 \end{cases}$$

となる．これを解いて $A = \dfrac{7}{2}$, $B = -\dfrac{7}{2}$, $C = 12$ を得る．したがって，求める積分は

$$\begin{aligned}
\int f(x)\,dx &= \frac{7}{2}\int \frac{1}{x-1}\,dx - \frac{7}{4}\int \frac{2x-3}{x^2-3x+4}\,dx \\
&\quad + \frac{27}{4}\int \frac{1}{x^2-3x+4}\,dx \\
&= \frac{7}{2}\int \frac{1}{x-1}\,dx - \frac{7}{4}\int \frac{(x^2-3x+4)'}{x^2-3x+4}\,dx \\
&\quad + \frac{27}{4}\int \frac{1}{\left(x-\dfrac{3}{2}\right)^2 + \left(\dfrac{\sqrt{7}}{2}\right)^2}\,dx \\
&= \frac{7}{2}\log|x-1| - \frac{7}{4}\log(x^2-3x+4) \\
&\quad + \frac{27\sqrt{7}}{14}\arctan \frac{2\sqrt{7}}{7}\left(x - \frac{3}{2}\right) + C.
\end{aligned}$$

最後の式を得るために，練習問題 8 の 2 (2) の公式を用いた． ◆

$\sqrt{ax^2 + bx + c}$ を含む関数の積分

置換積分により，$\sqrt{ax^2 + bx + c}$ を含む関数の積分が求められる場合がある．

例題 8.6 次の関数を積分せよ．

(1) $\sqrt{\dfrac{x-1}{x+1}}$ (2) $\sqrt{a^2 - x^2}$ ($a > 0$)

(3) $\sqrt{x^2 + x + 1}$

【解】 (1) $\sqrt{\dfrac{x-1}{x+1}} = t$ とおけば $x = \dfrac{t^2+1}{1-t^2}$, すなわち $dx = \dfrac{4t}{(1-t^2)^2}\,dt$ であるから

$$\int \sqrt{\frac{x-1}{x+1}}\,dx = \int t \cdot \frac{4t}{(1-t^2)^2}\,dt$$
$$= \int \left\{\frac{1}{(t-1)^2} + \frac{1}{(t+1)^2} + \frac{1}{t-1} - \frac{1}{t+1}\right\}dt$$
$$= \frac{-1}{t-1} + \frac{-1}{t+1} + \log\left|\frac{t-1}{t+1}\right| + C$$
$$= (x+1)\sqrt{\frac{x-1}{x+1}}$$
$$\quad + \log\left|(x+1)\sqrt{\frac{x-1}{x+1}} - x\right| + C.$$

(2) $x = a\sin t \left(-\dfrac{\pi}{2} \leqq t \leqq \dfrac{\pi}{2}\right)$ とおけば, $dx = a\cos t\,dt$ で, $\sqrt{a^2 - x^2} = a\sqrt{1 - \sin^2 t} = a\cos t$ であるから

$$\int \sqrt{a^2 - x^2}\,dx = \int a^2\cos^2 t\,dt = \frac{a^2}{2}\int (1 + \cos 2t)\,dt$$
$$= \frac{a^2}{2}\left(t + \frac{\sin 2t}{2}\right) + C = \frac{a^2}{2}(t + \sin t\cos t) + C$$
$$= \frac{a^2}{2}\arcsin\frac{x}{a} + \frac{x}{2}\sqrt{a^2 - x^2} + C.$$

(3) $x^2 + x + 1 = \left(x + \dfrac{1}{2}\right)^2 + \dfrac{3}{4}$ より $t = x + \dfrac{1}{2}$ とおけば, $dx = dt$ であるから

$$\int \sqrt{x^2 + x + 1}\,dx = \int \sqrt{\left(x + \frac{1}{2}\right)^2 + \frac{3}{4}}\,dx = \int \sqrt{t^2 + \frac{3}{4}}\,dt$$
$$= \frac{1}{2}\left(t\sqrt{t^2 + \frac{3}{4}} + \frac{3}{4}\log\left|t + \sqrt{t^2 + \frac{3}{4}}\right|\right) + C$$
$$= \frac{1}{2}\left(x + \frac{1}{2}\right)\sqrt{x^2 + x + 1}$$
$$\quad + \frac{3}{8}\log\left|x + \frac{1}{2} + \sqrt{x^2 + x + 1}\right| + C. \quad \blacklozenge$$

問 8.4 次の関数を積分せよ.

(1) $\dfrac{3x}{(x-1)^2}$ 　　(2) $\dfrac{x+1}{x^2 - 4x + 3}$ 　　(3) $\sqrt{6 - 3x^2}$

練習問題 8

1. 次の関数を積分せよ．
 (1) $\cos^2 x$　　　(2) $\cos 2x \cos 4x$　　　(3) $\sin(2x+1)$

2. 次の公式を証明せよ．
 (1) $\displaystyle\int \frac{1}{x^2 - a^2}\, dx = \frac{1}{2a} \log\left|\frac{x-a}{x+a}\right| + C$　　$(a \neq 0)$
 (2) $\displaystyle\int \frac{1}{x^2 + a^2}\, dx = \frac{1}{a} \arctan \frac{x}{a} + C$　　$(a \neq 0)$

3. 次の関数を積分せよ．
 (1) $\dfrac{1}{x^2 - 5}$　　　(2) $\dfrac{1}{x^2 + 9}$　　　(3) $\dfrac{1}{16x^2 + 1}$

4. 次の公式を証明せよ．
$$\int \frac{1}{\sqrt{a^2 - x^2}}\, dx = \arcsin \frac{x}{a} + C \quad (a > 0)$$

5. 次の関数を積分せよ．
 (1) $\dfrac{1}{\sqrt{4 - x^2}}$　　　(2) $\dfrac{1}{\sqrt{2x^2 - 4}}$　　　(3) $\dfrac{1}{\sqrt{x^2 + 7}}$

6. 次の関数を積分せよ．
 (1) $\sqrt{4 - x^2}$　　　(2) $\sqrt{2x^2 - 4}$　　　(3) $\sqrt{x^2 - x + 1}$

§9. 積分の応用

図形の面積

関数 $f(x)$, $g(x)$ を閉区間 $[a, b]$ で連続で，その各点で $f(x) \geq g(x)$ を満たすものとする．2つの曲線 $y = f(x)$, $y = g(x)$ と2直線 $x = a$, $x = b$ で囲まれた図形の面積 S を求めてみよう．定理1.7によって，定数 r を十分大きくとれば

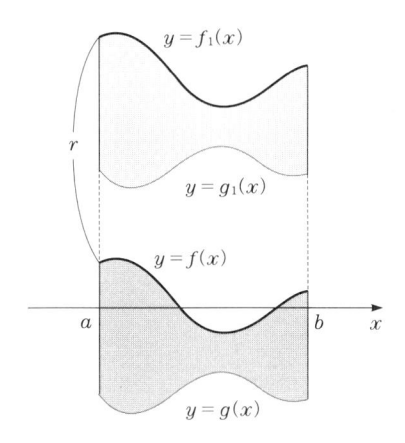

$$f_1(x) = f(x) + r \geq 0, \quad g_1(x) = g(x) + r \geq 0 \quad (a \leq x \leq b)$$

とできる．曲線 $y = f_1(x)$ および x 軸と2直線 $x = a$, $x = b$ で囲まれた図形の面積を S_1, 曲線 $y = g_1(x)$ および x 軸と2直線 $x = a$, $x = b$ で囲まれた図形の面積を T_1 とすれば，$f_1(x) \geq g_1(x)$ だから，$S_1 - T_1$ は2つの曲線 $y = f_1(x)$, $y = g_1(x)$ と2直線 $x = a$, $x = b$ で囲まれた図形の面積である（66ページ参照）．この値は S に等しいので，

$$S = S_1 - T_1 = \int_a^b f_1(x)\,dx - \int_a^b g_1(x)\,dx$$
$$= \int_a^b \{f_1(x) - g_1(x)\}\,dx$$
$$= \int_a^b \{f(x) - g(x)\}\,dx.$$

ここまでの考察をまとめて次の定理を得る.

定理 9.1 関数 $f(x)$, $g(x)$ を閉区間 $[a,b]$ で連続で,その各点で $f(x) \geqq g(x)$ を満たすものとする.2つの曲線 $y = f(x)$, $y = g(x)$ と 2 直線 $x = a$, $x = b$ で囲まれた図形の面積 S は次式で与えられる.
$$S = \int_a^b \{f(x) - g(x)\}\,dx. \quad \diamond$$

ここで,<u>単位円(半径 1 の円)の面積が π になること</u>を積分の計算によって再確認しよう.単位円の面積を S とする.原点を中心とする半径 1 の円の第 1 象限にある部分の面積は
$$\frac{S}{4} = \int_0^1 \sqrt{1-x^2}\,dx$$
である.変数変換 $x = \sin\theta$ を行うことによって $\sqrt{1-x^2} = \cos\theta$, $\dfrac{dx}{d\theta} = \cos\theta$ であるから
$$\int_0^1 \sqrt{1-x^2}\,dx = \int_0^{\frac{\pi}{2}} \cos\theta \cos\theta\,d\theta$$
$$= \int_0^{\frac{\pi}{2}} \frac{1 + \cos 2\theta}{2}\,d\theta$$
$$= \left[\frac{\theta}{2} + \frac{1}{4}\sin 2\theta\right]_0^{\frac{\pi}{2}}$$
$$= \frac{\pi}{4}.$$

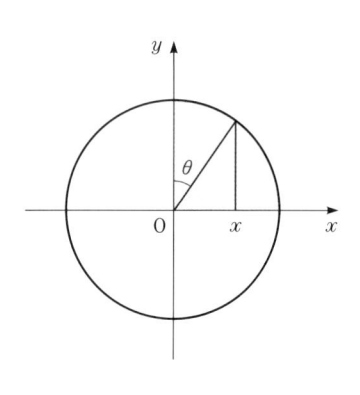

よって,$S = \pi$ であることが再確認できた.

回転体の体積

閉区間 $[a,b]$ で定義された連続関数 $y=f(x)$ のグラフを，xyz 空間において，x 軸の周りに回転して得られる回転体の体積 V を求めよう．

閉区間 $[a,b]$ の分割
$$\Delta: \ a=x_0<x_1<\cdots<x_{n-1}<x_n=b$$
を考える．小区間 $[x_{i-1},x_i]$ について，この回転体の $x_{i-1}\leqq x\leqq x_i$ の部分の体積 V_i について，直円柱の体積と比較して次の不等式の成り立つことがわかる．
$$\pi m_i{}^2(x_i-x_{i-1})\leqq V_i\leqq \pi M_i{}^2(x_i-x_{i-1}).$$
ここに，絶対値をつけた関数 $|f(x)|$ の小区間 $[x_{i-1},x_i]$ における最大値と最小値を M_i, m_i で表している．i について和をとると
$$\pi\sum_{i=1}^n m_i{}^2(x_i-x_{i-1})\leqq V\leqq \pi\sum_{i=1}^n M_i{}^2(x_i-x_{i-1}) \qquad (*)$$

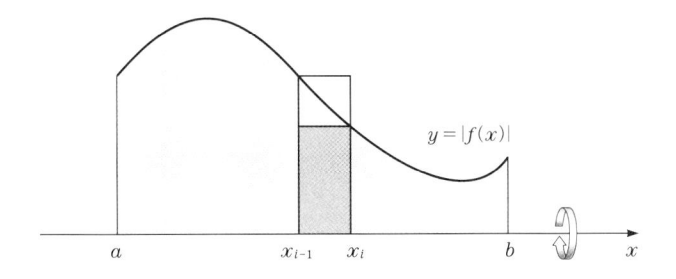

が成り立つ．この不等式と連続関数の定積分の定義（§7参照）を比較すると，分割の目 $m(\Delta)$ が $m(\Delta)\to 0$ となるように分割 Δ を細かくすれば，不等式 $(*)$ の両端の値は次の定積分の値に限りなく近づくことになる．
$$\pi\int_a^b \{f(x)\}^2\,dx.$$

ここまでの考察をまとめて次の定理を得る．

定理 9.2 閉区間 $[a, b]$ で定義された連続関数 $y = f(x)$ のグラフを，xyz 空間において，x 軸の周りに回転して得られる回転体の体積 V は次式で与えられる．
$$V = \pi \int_a^b \{f(x)\}^2 \, dx. \quad \diamond$$

中学校や高等学校でおなじみの球と直円錐の体積の公式を積分の計算によって確かめよう．

例題 9.1 次の体積を求めよ．
（1） 半径 r の球の体積 V_1．
（2） 底面の半径が r で高さが h の直円錐の体積 V_2．

【解】（1） 閉区間 $[-r, r]$ で定義された連続関数 $y = \sqrt{r^2 - x^2}$ のグラフの回転体だから，
$$V_1 = \pi \int_{-r}^{r} (r^2 - x^2) \, dx = \pi \left[r^2 x - \frac{x^3}{3} \right]_{-r}^{r} = \frac{4}{3} \pi r^3.$$

（2） 閉区間 $[0, h]$ で定義された連続関数 $y = \dfrac{r}{h} x$ のグラフの回転体だから，
$$V_2 = \pi \int_0^h \frac{r^2 x^2}{h^2} \, dx = \pi \left[\frac{r^2 x^3}{3 h^2} \right]_0^h = \frac{\pi r^2 h}{3}. \quad \blacklozenge$$

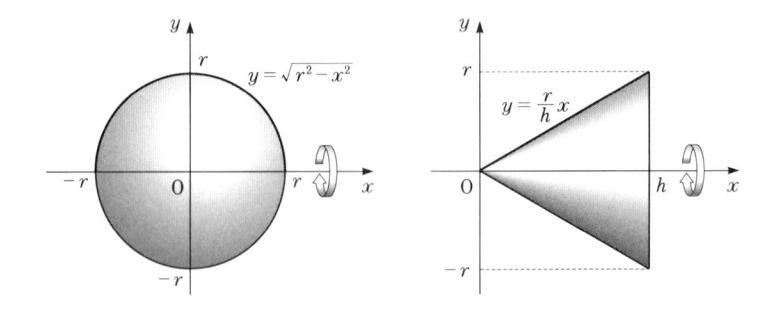

§9. 積分の応用

例題 9.2 円 $x^2+(y-2)^2=1$ およびその内部を x 軸の周りに回転して得られる回転体の体積 V を求めよ.

【解】 閉区間 $[-1,1]$ 上の 2 つの関数
$$f(x)=2+\sqrt{1-x^2}, \qquad g(x)=2-\sqrt{1-x^2}$$
を考えよう. 求める体積 V は $y=f(x)$ を x 軸の周りに回転して得られる回転体の体積から $y=g(x)$ を x 軸の周りに回転して得られる回転体の体積を引いた値である. よって, 定理 9.2 より

$$\begin{aligned}V&=\pi\int_{-1}^{1}\{f(x)\}^2\,dx-\pi\int_{-1}^{1}\{g(x)\}^2\,dx\\&=8\pi\int_{-1}^{1}\sqrt{1-x^2}\,dx\\&=8\pi\int_{-\frac{\pi}{2}}^{\frac{\pi}{2}}\sqrt{1-\sin^2\theta}\cos\theta\,d\theta\\&=8\pi\int_{-\frac{\pi}{2}}^{\frac{\pi}{2}}\cos^2\theta\,d\theta\\&=8\pi\left[\frac{\theta}{2}+\frac{1}{4}\sin 2\theta\right]_{-\frac{\pi}{2}}^{\frac{\pi}{2}}=4\pi^2.\end{aligned}$$ ◆

曲線の長さ

閉区間 $[a,b]$ で定義された 2 つの連続関数 $x=\phi(t),\ y=\psi(t)$ に対して, xy 平面上の曲線 $\gamma(t)=(\phi(t),\psi(t))$ を<u>助変数 t で表示された曲線</u>という. このように表示された曲線の長さの定義を与えよう.

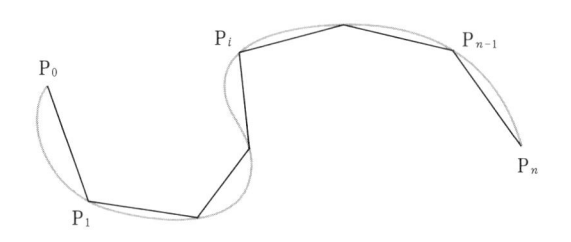

閉区間 $[a, b]$ の分割
$$\Delta : a = t_0 < t_1 < \cdots < t_{n-1} < t_n = b$$
を考える．曲線 $\gamma(t) = (\phi(t), \psi(t))$ 上の点 $\gamma(t_i)$ を P_i で表し，線分 $\mathrm{P}_{i-1}\mathrm{P}_i$（$1 \leq i \leq n$）の長さの総和を $\ell(\Delta)$ とする．ここで分割 Δ の目 $m(\Delta)$ が $m(\Delta) \to 0$ になるように分割 Δ を細かくしたとき，分割の選び方に関係なく $\ell(\Delta)$ が一定の有限な極限値に収束するとき，すなわち
$$\ell = \lim_{m(\Delta) \to 0} \ell(\Delta)$$
となる正数 ℓ が存在するとき，この極限値 ℓ を曲線 $\gamma(t)$（$a \leq t \leq b$）の **長さ** と呼ぶ．

定理 9.3 関数 $f(x)$ およびその導関数 $f'(x)$ が閉区間 $[a, b]$ を含む ある開区間で連続ならば，曲線 $y = f(x)$ の長さ ℓ は次式で与えられる．
$$\ell = \int_a^b \sqrt{1 + \{f'(x)\}^2}\, dx.$$

［証明］ 閉区間 $[a, b]$ の分割
$$\Delta : a = x_0 < x_1 < \cdots < x_{n-1} < x_n = b$$
を考える．各小区間 $[x_{i-1}, x_i]$ で平均値の定理を使うと，
$$f(x_i) - f(x_{i-1}) = f'(s_i)(x_i - x_{i-1})$$
を満たす s_i（$x_{i-1} < s_i < x_i$）が存在するので
$$\ell(\Delta) = \sum_{i=1}^n \sqrt{(x_i - x_{i-1})^2 + \{f(x_i) - f(x_{i-1})\}^2}$$
$$= \sum_{i=1}^n \sqrt{1 + \{f'(s_i)\}^2}\,(x_i - x_{i-1})$$
が成り立つ．定積分の定義と比較すると，$m(\Delta) \to 0$ のとき右辺の値の極限値は
$$\int_a^b \sqrt{1 + \{f'(x)\}^2}\, dx$$
となる． ◇

§9. 積分の応用

助変数 t で表示された曲線 $\gamma(t) = (\phi(t), \psi(t))$ について，2 つの関数 $\phi(t)$，$\psi(t)$ およびその導関数 $\phi'(t)$，$\psi'(t)$ が閉区間 $[a,b]$ を含むある開区間で連続で，$\{\phi'(t)\}^2 + \{\psi'(t)\}^2 \neq 0$ である場合，この曲線を閉区間 $[a,b]$ 上の**滑らかな曲線**という．

定理 9.4 閉区間 $[a,b]$ 上の滑らかな曲線 $\gamma(t) = (\phi(t), \psi(t))$ の長さ ℓ は次式で与えられる．

$$\ell = \int_a^b \sqrt{\{\phi'(t)\}^2 + \{\psi'(t)\}^2}\, dt.$$

[証明] 閉区間 $[a,b]$ の分割

$$\Delta: a = t_0 < t_1 < \cdots < t_{n-1} < t_n = b$$

を考える．分割を十分細かくすると，各小区間 $[t_{i-1}, t_i]$ では $\phi'(t)$ または $\psi'(t)$ の少なくとも一方は 0 でないと仮定できる．いま，$\phi'(t) \neq 0$ であると仮定しよう．

各小区間の曲線の長さの和が求めるものなので，議論を単純にするため閉区間 $[a,b]$ において $\phi'(t) \neq 0$ であると仮定する．この場合，関数 $x = \phi(t)$ は増加関数または減少関数であり，逆関数 $t = \phi^{-1}(x)$ が存在し，その導関数も連続関数である．実際

$$(\phi^{-1})'(x) = \frac{1}{\phi'(t)}, \qquad x = \phi(t).$$

ここで $c = \phi(a)$，$d = \phi(b)$ とおく．$c < d$ の場合についての説明を続けよう．変数 x についての閉区間 $[c,d]$ で定義された曲線 $y = \psi(\phi^{-1}(x))$ の長さを求める問題に帰着された．定理 9.3 と合成関数の導関数および置換積分に関する公式を使って，次のように計算される．

$$\begin{aligned}
\ell &= \int_c^d \sqrt{1 + \{(\psi(\phi^{-1}(x)))'\}^2}\, dx \\
&= \int_a^b \sqrt{1 + \left(\frac{\psi'(t)}{\phi'(t)}\right)^2}\, \phi'(t)\, dt \\
&= \int_a^b \sqrt{\{\phi'(t)\}^2 + \{\psi'(t)\}^2}\, dt. \qquad \diamond
\end{aligned}$$

例題 9.3 助変数 θ ($0 \leq \theta \leq 2\pi$) で表示された**サイクロイド**
$$\gamma(\theta) = (a(\theta - \sin\theta),\ a(1-\cos\theta)) \qquad (a > 0)$$
の長さ ℓ を求めよ (この曲線は半径 a の円を x 軸上を滑ることなく転がしたときの円周上の定点の軌跡として得られる).

【解】 滑らかな曲線だから,定理 9.4 を適用できる.
$$\begin{aligned}
\ell &= \int_0^{2\pi} \sqrt{\{a(1-\cos\theta)\}^2 + (a\sin\theta)^2}\ d\theta \\
&= \int_0^{2\pi} \sqrt{2a^2(1-\cos\theta)}\ d\theta = \sqrt{2}\,a \int_0^{2\pi} \sqrt{2\sin^2\frac{\theta}{2}}\ d\theta \\
&= 2a \int_0^{2\pi} \sin\frac{\theta}{2}\ d\theta \\
&= 2a \left[-2\cos\frac{\theta}{2}\right]_0^{2\pi} \\
&= 8a.\ \blacklozenge
\end{aligned}$$

極座標表示された図形の面積

xy 平面上の点 (x, y) を $x = r\cos\theta,\ y = r\sin\theta$ ($r \geq 0$) と表したとき,(r, θ) を点 (x, y) の極座標というのであった.この極座標に関して,$r = f(\theta)$ は曲線を表している.

定理 9.5 極座標で与えられた連続曲線 $r = f(\theta)$ ($a \leq \theta \leq b$) と 2 直線 $\theta = a,\ \theta = b$ で囲まれた図形の面積は,次式で与えられる.
$$S = \frac{1}{2}\int_a^b \{f(\theta)\}^2\,d\theta.$$

[証明] 閉区間 $[a, b]$ の分割 $\Delta:\ a = \theta_0 < \theta_1 < \cdots < \theta_n = b$ に対して,小区間 $[\theta_{i-1}, \theta_i]$ における $f(\theta)$ の最大値と最小値をそれぞれ M_i, m_i とする.さらに $r = f(\theta)$ ($\theta_{i-1} \leq \theta \leq \theta_i$) と 2 直線 $\theta = \theta_{i-1},\ \theta = \theta_i$ で囲まれた図形の面積を S_i とする.このとき,S_i は中心角が $\theta_i - \theta_{i-1}$ で半

§9. 積分の応用

径が M_i, m_i である 2 つの扇形の面積の間にある．すなわち

$$\pi {m_i}^2 \frac{\theta_i - \theta_{i-1}}{2\pi} < S_i < \pi {M_i}^2 \frac{\theta_i - \theta_{i-1}}{2\pi}.$$

この不等式の各項の i についての和をとれば，

$$\sum_{i=1}^{n} {m_i}^2 \frac{\theta_i - \theta_{i-1}}{2} < S < \sum_{i=1}^{n} {M_i}^2 \frac{\theta_i - \theta_{i-1}}{2}.$$

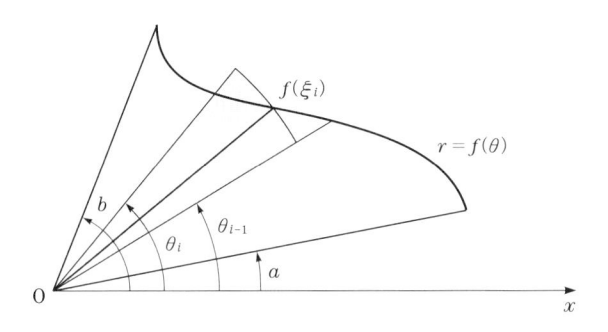

分割の目 $m(\Delta)$ が $m(\Delta) \to 0$ になるように分割 Δ を細かくすれば，上の不等式の両端の値は次の定積分の値に限りなく近づくことになる．

$$\frac{1}{2} \int_a^b \{f(\theta)\}^2 \, d\theta. \quad \diamond$$

例題 9.4 三葉形 $r = a\cos 3\theta$ （$a > 0$）が囲む図形の面積 S を求めよ．

【解】 $r < 0$ となる場合には，$(r, \theta) = (-r, \theta + \pi)$ と同一視していることに注意しよう．この曲線は $0 \leqq \theta \leqq \pi$ の範囲で一周する．

$$\begin{aligned}
S &= \frac{1}{2} \int_0^\pi a^2 \cos^2 3\theta \, d\theta \\
&= \frac{a^2}{2} \int_0^\pi \frac{1 + \cos 6\theta}{2} \, d\theta \\
&= \frac{a^2}{4} \left[\theta + \frac{1}{6} \sin 6\theta \right]_0^\pi \\
&= \frac{\pi a^2}{4}. \quad \blacklozenge
\end{aligned}$$

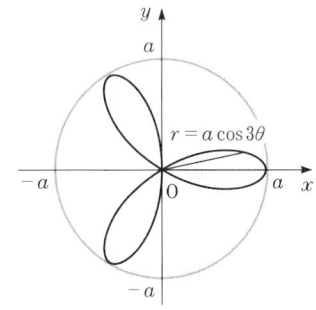

〈**研究**〉 xy 平面上の点 $P:(x,y)=(\sinh\theta,\cosh\theta)$ は直角双曲線 $y^2-x^2=1$ の上を動くことになるが,助変数 θ の図形的な意味について考えてみよう.点 P を第 1 象限にとり,曲線 $y=\sqrt{1+x^2}$,原点 O と点 $P(x,y)$ を結ぶ直線,および y 軸で囲まれた図形の面積を S とする.このとき,次式が成り立つ.

$$S = \int_0^x \sqrt{1+t^2}\, dt - \frac{1}{2}x\sqrt{1+x^2}.$$

ここで右辺の第 1 項の定積分を実行しよう.変数変換 $t=\sinh\theta$ および双曲線関数に関する公式(41 ページ)を使って計算すると,次式を得る.

$$\begin{aligned}\int_0^x \sqrt{1+t^2}\, dt &= \int_0^{\sinh^{-1}x} \cosh\theta\cosh\theta\, d\theta \\ &= \int_0^{\sinh^{-1}x} \frac{1+\cosh 2\theta}{2}\, d\theta \\ &= \left[\frac{\theta}{2}+\frac{1}{4}\sinh 2\theta\right]_0^{\sinh^{-1}x} \\ &= \frac{1}{2}\sinh^{-1}x + \frac{1}{4}\sinh 2(\sinh^{-1}x).\end{aligned}$$

ここで $\theta>0$ のとき

$$\sinh 2\theta = 2\sinh\theta\cosh\theta = 2\sinh\theta\sqrt{1+\sinh^2\theta}$$

であるから,$\theta=\sinh^{-1}x$ に対して

$$\begin{aligned}\sinh 2(\sinh^{-1}x) &= 2\sinh(\sinh^{-1}x)\sqrt{1+\{\sinh(\sinh^{-1}x)\}^2} \\ &= 2x\sqrt{1+x^2}.\end{aligned}$$

この結果,$2S=\sinh^{-1}x$ を得る.すなわち,$\theta=2S$ である.　◆

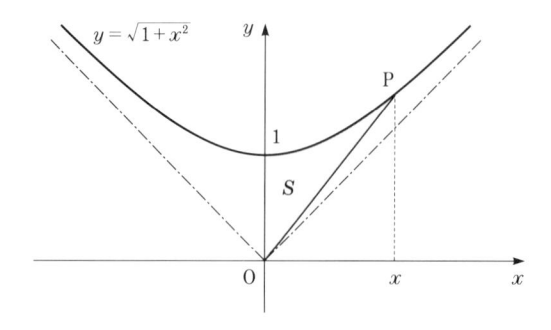

練習問題 9

1. 次の回転体の体積を求めよ．
  (1) 曲線 $y = \sin x$ $(0 \leq x \leq \pi)$ を x 軸の周りに回転して得られる回転体．
  (2) 双曲線 $y^2 - x^2 = a^2$ $(a > 0)$ と 2 直線 $x = a$, $x = -a$ とで囲まれた図形を x 軸の周りに回転して得られる回転体．

2. 次の曲線の長さを求めよ．
  (1) 曲線 $y = \cosh x$ $(0 \leq x \leq 2)$．
  (2) 正の定数 a に対して助変数 θ $(0 \leq \theta \leq 2\pi)$ で表示された**心臓形**と呼ばれる曲線
  $$\gamma(\theta) = (a(1+\cos\theta)\cos\theta,\ a(1+\cos\theta)\sin\theta).$$

$r = a(1+\cos\theta)$
（心臓形）

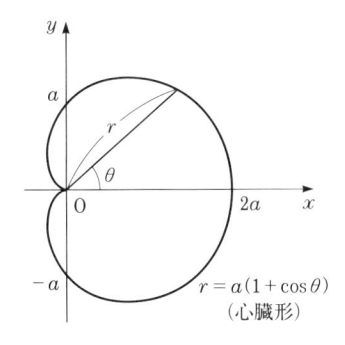

3. 放物線 $y = x^2$ $(-2 \leq x \leq 2)$ の長さを求めよ．
  ヒント：定数 c に対して次の等式が成り立つことを利用せよ．
  $$\frac{d}{dx}\left\{\frac{1}{2}(x\sqrt{x^2+c} + c\log|x+\sqrt{x^2+c}|)\right\} = \sqrt{x^2+c}.$$

4. 心臓形が囲む図形の面積を求めよ．

§10. 広義積分

関数 $f(x)$ は閉区間 $[a, b]$ で連続とし，$f(x)$ の原始関数を $F(x)$ とすると

$$\int_a^b f(x)\,dx = \Big[F(x)\Big]_a^b = F(b) - F(a)$$

が成り立つ．

では不連続点をもつ関数の定積分や無限区間上の定積分の計算はどうすればよいであろうか．これらの計算は，応用上よく出現する．この節ではこのような計算が実行できるように定積分の定義を拡張する．拡張された定積分は**広義積分**と呼ばれ，次の2種類がある．

有限区間上の広義積分

関数 $f(x)$ は区間 $(a, b]$ で連続で，$x = a$ では連続でないとする．もし極限 $\lim_{\xi \to a+0} \int_\xi^b f(x)\,dx$ が存在するならば，この極限値を

$$\int_a^b f(x)\,dx = \lim_{\xi \to a+0} \int_\xi^b f(x)\,dx$$

と表し，広義積分は収束するという．極限が存在しないときは，発散するという．

注意 $f(x)$ が $[a, b]$ で連続のときは，$\lim_{\xi \to a+0} \int_\xi^b f(x)\,dx = \int_a^b f(x)\,dx$ が成り立つ．

同様に，$f(x)$ が区間 $[a, b)$ で連続で，極限 $\lim_{\eta \to b-0} \int_a^\eta f(x)\,dx$ が存在するとき，広義積分は収束するといい，

$$\int_a^b f(x)\,dx = \lim_{\eta \to b-0} \int_a^\eta f(x)\,dx$$

と表す．

§10. 広義積分

さらに，関数 $f(x)$ が閉区間 $[a,b]$ の両端 a, b で不連続の場合は，この区間の中点を c とし，2 つの小区間 $[a,c]$，$[c,b]$ の両方で広義積分が収束するときに限り，区間 $[a,b]$ において広義積分が収束するといい，この 2 つの小区間での広義積分の和を区間 $[a,b]$ における広義積分と定める．

一般に，関数 $f(x)$ は閉区間 $[a,b]$ に有限個の不連続点 $a < x_1 < \cdots < x_n < b$ をもつとする．区間 $[a,b]$ を小区間 $[a,x_1]$，$[x_1,x_2]$，$\cdots$，$[x_n,b]$ に分け，この各小区間で広義積分が収束するとき，これらの小区間での広義積分の和を区間 $[a,b]$ 上の $f(x)$ の**広義積分**という．どれか 1 つの小区間で発散するとき，区間 $[a,b]$ 上の広義積分は発散するという．

例題 10.1 広義積分 $\int_{-1}^{1} \dfrac{1}{x^2}\,dx$ は発散することを示せ．

【解】 $x = 0$ は不連続点，よって
$$\int_{-1}^{1} \frac{1}{x^2}\,dx = \int_{-1}^{0} \frac{1}{x^2}\,dx + \int_{0}^{1} \frac{1}{x^2}\,dx.$$
ここで
$$\int_{0}^{1} \frac{1}{x^2}\,dx = \lim_{\xi \to +0} \int_{\xi}^{1} \frac{1}{x^2}\,dx = \lim_{\xi \to +0} \left[-\frac{1}{x}\right]_{\xi}^{1} = \lim_{\xi \to +0}\left(-1 + \frac{1}{\xi}\right) = \infty.$$
よって，広義積分は発散する．同様に，広義積分 $\int_{-1}^{0} \dfrac{1}{x^2}\,dx$ も発散する．以上より $\int_{-1}^{1} \dfrac{1}{x^2}\,dx$ は発散する．この場合 $\int_{-1}^{1} \dfrac{1}{x^2}\,dx = \left[\dfrac{-1}{x}\right]_{-1}^{1} = -2$ としてはいけない．◆

例題 10.2 広義積分 $\int_{-1}^{1} \dfrac{dx}{\sqrt{1-x^2}}$ を求めよ．

【解】 $x = \pm 1$ は不連続点，よって
$$\lim_{\xi \to +0} \int_{-1+\xi}^{0} \frac{dx}{\sqrt{1-x^2}} + \lim_{\eta \to +0} \int_{0}^{1-\eta} \frac{dx}{\sqrt{1-x^2}}$$
$$= \lim_{\xi \to +0}\Big[\arcsin x\Big]_{-1+\xi}^{0} + \lim_{\eta \to +0}\Big[\arcsin x\Big]_{0}^{1-\eta}$$
$$= \lim_{\eta \to +0} \arcsin(1-\eta) - \lim_{\xi \to +0} \arcsin(-1+\xi)$$
$$= \arcsin(1) - \arcsin(-1) = \frac{\pi}{2} - \left(-\frac{\pi}{2}\right) = \pi.$$

この場合, $\int_{-1}^{1} \dfrac{dx}{\sqrt{1-x^2}} = \Big[\arcsin x\Big]_{-1}^{1} = \pi$ である. ◆

注 このように原始関数が端点を込めて連続ならば，その広義積分は原始関数の両端での値の差に一致する.

問 10.1 次の広義積分を求めよ.

(1) $\displaystyle\int_0^1 x \log x \, dx$ (2) $\displaystyle\int_0^1 \dfrac{dx}{x^a}$ ($a > 0$)

無限区間上の広義積分

関数 $f(x)$ は区間 $[a, \infty)$ で連続であるとする. 極限 $\displaystyle\lim_{M \to \infty} \int_a^M f(x) \, dx$ が存在するならば，この極限値を

$$\int_a^\infty f(x) \, dx = \lim_{M \to \infty} \int_a^M f(x) \, dx$$

と表す. このとき，<u>広義積分は収束する</u>という. 極限が存在しないときは，発散するという. 広義積分 $\displaystyle\int_{-\infty}^b f(x) \, dx$ も同様に定義される.

例題 10.3 広義積分 $\displaystyle\int_1^\infty \dfrac{dx}{x(1+x^2)}$ を求めよ.

【解】 $1 < M$ に対して

$$\int_1^M \dfrac{dx}{x(1+x^2)} = \int_1^M \Big(\dfrac{1}{x} - \dfrac{x}{1+x^2}\Big) dx$$
$$= \Big[\log x - \dfrac{1}{2}\log(1+x^2)\Big]_1^M = \log\Big(\dfrac{M}{\sqrt{1+M^2}}\Big) + \dfrac{1}{2}\log 2.$$

よって

$$\lim_{M \to \infty} \int_1^M \dfrac{dx}{x(1+x^2)} = \lim_{M \to \infty}\Big(\log\Big(\dfrac{M}{\sqrt{1+M^2}}\Big) + \dfrac{1}{2}\log 2\Big) = \dfrac{1}{2}\log 2.$$

以上より $\displaystyle\int_1^\infty \dfrac{dx}{x(1+x^2)} = \dfrac{1}{2}\log 2$. ◆

問 10.2 次の広義積分を求めよ.

(1) $\displaystyle\int_0^\infty \dfrac{dx}{e^{2x}+1}$ (2) $\displaystyle\int_1^\infty \dfrac{dx}{x^a}$ ($a > 0$)

§10. 広義積分

広義積分の収束判定定理

広義積分 $\int_a^b |f(x)|\,dx$ ($-\infty \le a < b \le \infty$) が収束するならば，広義積分 $\int_a^b f(x)\,dx$ も収束し，かつ

$$\left|\int_a^b f(x)\,dx\right| \le \int_a^b |f(x)|\,dx$$

が成り立つことがわかる．このとき，広義積分 $\int_a^b f(x)\,dx$ は**絶対収束**するという．

注意 一般に広義積分が収束しても，絶対収束するとは限らない．例えば

$$\int_0^\infty \frac{\sin x}{x}\,dx = \frac{\pi}{2}, \qquad \int_0^\infty \left|\frac{\sin x}{x}\right|\,dx = +\infty$$

はそのような例である．

定理 10.1 (1) $f(x)$ は区間 $(a,b]$ で連続で，$x = a$ は不連続点であるとする．$0 < \lambda < 1$ を満たす λ に関して $(x-a)^\lambda f(x)$ が区間 $(a,b]$ で有界ならば，広義積分 $\int_a^b f(x)\,dx$ は絶対収束する．

(2) $f(x)$ は区間 $[a,\infty)$ で連続とする．$\lambda > 1$ を満たす λ に関して，$x^\lambda f(x)$ が区間 $[a,\infty)$ で有界ならば，広義積分 $\int_a^\infty f(x)\,dx$ は絶対収束する．

(3) $f(x)$ は区間 $[a,b)$ で連続で，$x = b$ は不連続点であるとする．$0 < \lambda < 1$ を満たす λ に関して $(b-x)^\lambda f(x)$ が区間 $[a,b)$ で有界ならば，広義積分 $\int_a^b f(x)\,dx$ は絶対収束する．

(4) $f(x)$ は区間 $(-\infty, b]$ で連続とする．$\lambda > 1$ を満たす λ に関して，$(-x)^\lambda f(x)$ が区間 $(-\infty, b]$ で有界ならば，広義積分 $\int_{-\infty}^b f(x)\,dx$ は絶対収束する．

[証明] (1) と (3)，(2) と (4) は同様に証明されるので，ここでは (1) と (2) について示す．

(1) 仮定より ある定数 L が存在して $(x-a)^\lambda |f(x)| \le L$，よって十分小さい $\xi > 0$ に対して

$$\int_{a+\xi}^{b} |f(x)|\,dx \leq \int_{a+\xi}^{b} \frac{L}{(x-a)^{\lambda}}\,dx = L\left[\frac{(x-a)^{1-\lambda}}{1-\lambda}\right]_{a+\xi}^{b}$$
$$= L\left\{\frac{(b-a)^{1-\lambda}}{1-\lambda} - \frac{\xi^{1-\lambda}}{1-\lambda}\right\} \leq \frac{L(b-a)^{1-\lambda}}{1-\lambda}.$$

つまり $\int_{a+\xi}^{b} |f(x)|\,dx$ は $\xi \to 0$ のとき単調増加で上に有界だから

$$\lim_{\xi \to 0} \int_{a+\xi}^{b} |f(x)|\,dx$$

は存在する．よって広義積分 $\int_{a}^{b} f(x)\,dx$ は絶対収束する．

(2) 仮定より ある定数 L が存在して $x^{\lambda}|f(x)| \leq L$，よって十分大きな M に対して

$$\int_{a}^{M} |f(x)|\,dx \leq \int_{a}^{M} \frac{L}{x^{\lambda}}\,dx = \left[\frac{Lx^{1-\lambda}}{1-\lambda}\right]_{a}^{M}$$
$$= L\left\{\frac{M^{1-\lambda}}{1-\lambda} - \frac{a^{1-\lambda}}{1-\lambda}\right\} \leq \frac{La^{1-\lambda}}{\lambda-1}.$$

(1) と同様に，

$$\lim_{M \to \infty} \int_{a}^{M} |f(x)|\,dx$$

は存在する．よって広義積分 $\int_{a}^{\infty} f(x)\,dx$ は絶対収束する．　◇

この定理より，直ちに次の判定のための十分条件が得られる．

定理 10.2 （1） $f(x)$ は区間 $(a, b]$（または区間 $[a, b)$）で連続とする．$0 < \lambda < 1$ を満たす λ に対して

$$\lim_{x \to a} (x-a)^{\lambda} f(x) \quad (\text{または} \lim_{x \to b} (b-x)^{\lambda} f(x))$$

が存在するならば広義積分 $\int_{a}^{b} f(x)\,dx$ は絶対収束する．

（2） $f(x)$ は区間 $[a, \infty)$（または区間 $(-\infty, a]$）で連続とする．$1 < \lambda$ を満たす λ に対して

$$\lim_{x \to \infty} x^{\lambda} f(x) \quad (\text{または} \lim_{x \to -\infty} (-x)^{\lambda} f(x))$$

が存在するならば広義積分 $\int_{a}^{\infty} f(x)\,dx \left(\text{または} \int_{-\infty}^{a} f(x)\,dx\right)$ は絶対収束する．　◇

ベータ関数

$p>0$, $q>0$ に対して次の広義積分は収束する.
$$B(p,q) = \int_0^1 x^{p-1}(1-x)^{q-1}\,dx.$$

[証明] $f(x) = x^{p-1}(1-x)^{q-1}$ とする.

(1) $p \geqq 1$, $q \geqq 1$ のときは連続関数の定積分である.

(2) $1 > p > 0$, $q \geqq 1$ のときは $x=0$ が不連続点である. $\lambda = 1-p$ とおくと $0 < \lambda < 1$ で
$$x^\lambda f(x) = x^{1-p} x^{p-1}(1-x)^{q-1} = (1-x)^{q-1}.$$
よって
$$\lim_{x \to 0} x^\lambda f(x) = 1.$$
定理 10.2 (1) により $B(p,q)$ は存在する.

(3) $p \geqq 1$, $1 > q > 0$ のときは $x=1$ が不連続点である. $\lambda = 1-q$ とおくと $0 < \lambda < 1$ で
$$(1-x)^\lambda f(x) = (1-x)^{1-q} x^{p-1}(1-x)^{q-1} = x^{p-1}.$$
よって
$$\lim_{x \to 1}(1-x)^\lambda f(x) = 1.$$
定理 10.2 (1) により $B(p,q)$ は存在する.

(4) $0 < p, q < 1$ のとき
$$B(p,q) = \int_0^{\frac{1}{2}} f(x)\,dx + \int_{\frac{1}{2}}^1 f(x)\,dx$$
となることにより各々の広義積分の収束を示せばよい. この場合 $\lambda = 1-p$ または $\lambda = 1-q$ とおくと
$$\lim_{x \to +0} x^\lambda f(x) = 1, \qquad \lim_{x \to 1-0}(1-x)^\lambda f(x) = 1.$$
よって, 定理 10.2 (1) により $B(p,q)$ は存在する. この関数 $B(p,q)$ をベータ関数という. ◇

ガンマ関数

$p > 0$ に対して次の広義積分は収束する．
$$\Gamma(p) = \int_0^\infty e^{-x} x^{p-1}\, dx\,.$$

[証明] $f(x) = e^{-x} x^{p-1}$ とする．
$$\Gamma(p) = \int_0^1 f(x)\, dx + \int_1^\infty f(x)\, dx\,.$$
まず $\int_0^1 f(x)\, dx$ について

(1) $p \geqq 1$ のときは連続関数の定積分である．

(2) $1 > p > 0$ のときは $x = 0$ が不連続点である．$\lambda = 1 - p$ とおくと $1 > \lambda > 0$ で
$$x^\lambda f(x) = x^{1-p} e^{-x} x^{p-1} = e^{-x}\,.$$
よって
$$\lim_{x \to 0} x^\lambda f(x) = 1\,.$$
定理 10.2 (1) により広義積分 $\int_0^1 f(x)\, dx$ は収束する．

次に $\int_1^\infty f(x)\, dx$ について $\lambda = 2$ とすると $x^\lambda f(x) = x^2 e^{-x} x^{p-1} = e^{-x} x^{p+1}$．よって
$$\lim_{x \to \infty} x^\lambda f(x) = \lim_{x \to \infty} \frac{x^{p+1}}{e^x} = 0\,.$$
定理 10.2 (2) により広義積分 $\int_1^\infty f(x)\, dx$ は収束する．この関数 $\Gamma(p)$ を**ガンマ関数**という． ◇

問 10.3 次の各問に答えよ．ただし $0! = 1$ とする．

(1) $q > 1$ に対して $pB(p, q) = (q-1)B(p+1, q-1)$ を示せ．また p が正の整数，q が $q > 1$ なる整数のとき，次の式が成り立つことを示せ．
$$B(p, q) = \frac{(p-1)!\,(q-1)!}{(p+q-1)!}\,.$$

(2) $\Gamma(p+1) = p\Gamma(p)$ を示せ．また p が正の整数のとき $\Gamma(p) = (p-1)!$ となることを示せ．

練習問題 10

1. 次の広義積分を求めよ．

(1) $\displaystyle\int_0^a \frac{dx}{\sqrt{a-x}}$

(2) $\displaystyle\int_0^{\frac{1}{2}} \frac{-2x+1}{x(1-x)}\,dx$

(3) $\displaystyle\int_0^1 (\log x + 1)\,dx$

(4) $\displaystyle\int_0^\infty x\,e^{-x^2}\,dx$

2. 次の値を計算せよ．

(1) $B\!\left(\dfrac{1}{2}, 1\right)$

(2) $B\!\left(2, \dfrac{1}{2}\right)$

§11. 定積分の近似計算

関数 $f(x)$ は閉区間 $[a,b]$ で連続とする．この節では定積分
$$I = \int_a^b f(x)\,dx$$
の近似計算について考える．閉区間 $[a,b]$ を $2n$ 等分しその分点を
$$a = x_0 < x_1 < x_2 < \cdots < x_{2n} = b$$
とする．このとき
$$I_j = \int_{x_{2j-2}}^{x_{2j}} f(x)\,dx \qquad (j = 1, 2, \cdots, n)$$
とおくと
$$I = I_1 + I_2 + \cdots + I_n$$
である．そこで各 $I_j\,(j=1,2,\cdots,n)$ を他の関数の定積分で近似することを考える．
$$y_i = f(x_i) \qquad (i = 0, 1, 2, \cdots, 2n), \qquad h = \frac{b-a}{2n}$$
とおく．

中点公式

I_j を，定数関数 $y = y_{2j-1}$ の閉区間 $[x_{2j-2}, x_{2j}]$ での定積分の値 $2hy_{2j-1}$ で近似する．このとき，
$$I \fallingdotseq 2h(y_1 + y_3 + \cdots + y_{2n-1})$$
を得る．これを**中点公式**という．この右辺を M_n とおくことにする．

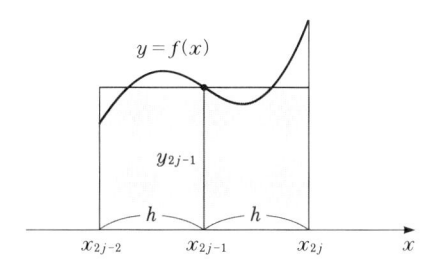

台形公式

I_j を, 2 点 (x_{2j-2}, y_{2j-2}), (x_{2j}, y_{2j}) を通る高々 1 次の関数の閉区間 $[x_{2j-2}, x_{2j}]$ での定積分の値 $h(y_{2j-2} + y_{2j})$ で近似する. このとき

$$I \fallingdotseq (y_0 + y_2)h + (y_2 + y_4)h + \cdots + (y_{2n-2} + y_{2n})h$$
$$= h\{y_0 + y_{2n} + 2(y_2 + y_4 + \cdots + y_{2n-2})\}$$

を得る. これを**台形公式**という. この最後の式を T_n とおくことにする.

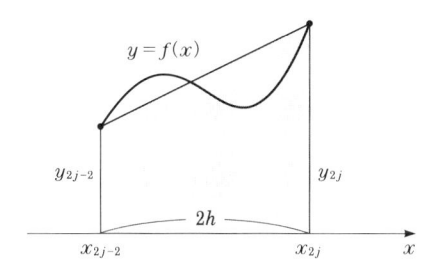

シンプソンの公式

3 点 (x_{2j-2}, y_{2j-2}), (x_{2j-1}, y_{2j-1}), (x_{2j}, y_{2j}) を通る高々 2 次の関数の閉区間 $[x_{2j-2}, x_{2j}]$ での定積分の値

$$\frac{h}{3}(y_{2j-2} + 4y_{2j-1} + y_{2j})$$

で I_j を近似する (問 11.1). このとき

$$I \fallingdotseq \frac{h}{3}(y_0 + 4y_1 + y_2) + \frac{h}{3}(y_2 + 4y_3 + y_4) + \cdots + \frac{h}{3}(y_{2n-2} + 4y_{2n-1} + y_{2n})$$

$$= \frac{h}{3}\{y_0 + y_{2n} + 4(y_1 + y_3 + \cdots + y_{2n-1}) + 2(y_2 + y_4 + \cdots + y_{2n-2})\}$$

を得る．これを**シンプソンの公式**という．この最後の式を S_n とおくことにする．

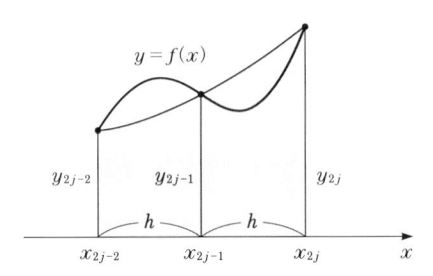

上の M_n, T_n, S_n の間には

$$S_n = \frac{2M_n + T_n}{3}$$

という関係がある．

問 11.1 $h > 0$ とする．次の各問に答えよ（ a, b, c, p, q, r は定数）．

(1) 関数 $y = ax^2 + bx + c$ のグラフが 3 点 $(-h, y_0)$, $(0, y_1)$, (h, y_2) を通るように a, b, c の値を定めよ．

(2) 上で求めた a, b, c に対して，

$$\int_{-h}^{h}(ax^2 + bx + c)\,dx = \frac{h}{3}(y_0 + 4y_1 + y_2)$$

であることを示せ．

(3) 関数 $y = px^2 + qx + r$ のグラフが 3 点 (x_0, y_0), (x_1, y_1), (x_2, y_2) （ただし，$x_1 - x_0 = x_2 - x_1 = h$ ）を通るとき

$$\int_{x_0}^{x_2}(px^2 + qx + r)\,dx = \frac{h}{3}(y_0 + 4y_1 + y_2)$$

であることを示せ．

§11. 定積分の近似計算

近似の誤差

定積分の値 I と近似式 M_n, T_n, S_n の値との誤差について考える．準備として次の定理を述べる．

定理 11.1 $a < b$ とする．

（1） 関数 $f(x)$ が閉区間 $[a, b]$ を含む ある開区間で C^2 関数ならば，

$$\int_a^b f(x)\,dx = f\!\left(\frac{a+b}{2}\right)(b-a) + \frac{f''(c_1)}{24}(b-a)^3$$

$$\int_a^b f(x)\,dx = \frac{f(a)+f(b)}{2}(b-a) - \frac{f''(c_2)}{12}(b-a)^3$$

$$\int_a^b f(x)\,dx = \frac{1}{6}\left\{f(a)+f(b)+4f\!\left(\frac{a+b}{2}\right)\right\}(b-a)$$
$$+ \frac{f''(c_3) - f''(c_3{}')}{72}(b-a)^3$$

を満たす開区間 (a, b) 内の点 $c_1, c_2, c_3, c_3{}'$ が存在する．

（2） 関数 $f(x)$ が閉区間 $[a, b]$ を含む ある開区間で C^4 関数ならば，

$$\int_a^b f(x)\,dx = \frac{1}{6}\left\{f(a)+f(b)+4f\!\left(\frac{a+b}{2}\right)\right\}(b-a)$$
$$- \frac{f^{(4)}(c_4)}{2880}(b-a)^5$$

を満たす開区間 (a, b) 内の点 c_4 が存在する．

［証明］ これらはどれも類似の方法で示すことができるので，ここでは (1) の第 3 式のみを示す．まず定数 K を

$$\int_a^b f(x)\,dx = \frac{1}{6}\left\{f(a)+f(b)+4f\!\left(\frac{a+b}{2}\right)\right\}(b-a) + K(b-a)^3$$

を満たすように定める．さて，$f\!\left(t+\dfrac{a+b}{2}\right) = g(t)$，$h = \dfrac{b-a}{2}$ とし，$0 \leqq x \leqq h$ に対して

$$G(x) = \int_{-x}^x g(t)\,dt - \frac{x}{3}\{g(-x) + g(x) + 4g(0)\} - K(2x)^3$$

とおくと，$G(0) = 0$ かつ定数 K の定め方より $G(h) = 0$ である．また

$$G'(x) = \frac{2}{3}\{g(x) + g(-x)\} - \frac{4}{3}g(0) - \frac{x}{3}\{-g'(-x) + g'(x)\} - 24Kx^2$$

であるから，$G'(0) = 0$ である．よってテーラーの定理 (57 ページ) より

$$0 = G(h) = \frac{G''(\xi)}{2}h^2$$

を満たす ξ が開区間 $(0, h)$ に存在する．したがって，

$$0 = G''(\xi) = \frac{1}{3}\{g'(\xi) - g'(-\xi)\} - \frac{\xi}{3}\{g''(-\xi) + g''(\xi)\} - 48K\xi$$

である．さて，平均値の定理 (44 ページ) より

$$g'(\xi) - g'(-\xi) = 2\xi g''(\eta) = 2\xi f''\left(\eta + \frac{a+b}{2}\right)$$

を満たす η が開区間 $(-\xi, \xi)$ に存在し，中間値の定理 (8 ページ) より

$$g''(-\xi) + g''(\xi) = 2g''(\eta') = 2f''\left(\eta' + \frac{a+b}{2}\right)$$

を満たす η' が閉区間 $[-\xi, \xi]$ に存在する．よって $c_3 = \eta + \frac{a+b}{2}$, $c_3' = \eta' + \frac{a+b}{2}$ とおけば

$$K = \frac{1}{72}\{f''(c_3) - f''(c_3')\}$$

である．これを最初の式に代入すれば求める式を得る．　◇

注意　もし $f(x)$ が 3 次以下の多項式ならば $f^{(4)}(x) \equiv 0$ であるから，定理 11.1 (2) の右辺の $(b-a)^5$ の項は 0 となるから特に，問 11.1 の (2), (3) が従うことに注意せよ．

前述の M_n, T_n, S_n と I の間に次の不等式が成り立つ．

定理 11.2　(1) $f(x)$ が閉区間 $[a, b]$ を含む ある開区間で C^2 関数で $|f''(x)| \leqq A$ ならば，

$$|M_n - I| \leqq \frac{A}{24n^2}(b-a)^3, \qquad |T_n - I| \leqq \frac{A}{12n^2}(b-a)^3,$$

$$|S_n - I| \leqq \frac{A}{36n^2}(b-a)^3.$$

(2) $f(x)$ が閉区間 $[a, b]$ を含む ある開区間で C^4 関数で $|f^{(4)}(x)| \leqq B$ ならば，

§11．定積分の近似計算

$$|S_n - I| \leq \frac{B}{2880 n^4}(b-a)^5. \quad \diamond$$

問 11.2 定理 11.1 を用いて定理 11.2 を証明せよ．

注意 実際に M_n, T_n, S_n を計算する場合には，y_i（$i = 0, 1, 2, \cdots, 2n$）の値を，例えば小数第 $k+1$ 位を四捨五入して得られる小数 y_i' で近似することが多い．このとき，各 i について $|y_i - y_i'| \leq 0.5 \times 10^{-k}$ であるから，y_i を y_i' で置き換えたときの M_n, T_n, S_n をそれぞれ M_n', T_n', S_n' とすれば，$|M_n - M_n'|$，$|T_n - T_n'|$，$|S_n - S_n'|$ はいずれも $0.5 \times 10^{-k}(b-a)$ 以下である．さて，M_n', T_n', S_n' の値は有限小数または循環小数であるが，実際にはさらにそれらを近似する値で置き換えることが多い．例えば M_n', T_n', S_n' を，小数第 $\ell + 1$ 位で四捨五入した値 M_n'', T_n'', S_n'' で置き換えれば，そこでも $0.5 \times 10^{-\ell}$ 以下の誤差が生ずることになる．

例題 11.1 $\log 2 = \int_0^1 \dfrac{dx}{1+x}$ の近似値を $n = 5$ として求めよ．

【解】

$x_0 = 0$	$y_0 = 1$

$x_1 = 0.1$	$y_1 \fallingdotseq 0.909091$
$x_3 = 0.3$	$y_3 \fallingdotseq 0.769231$
$x_5 = 0.5$	$y_5 \fallingdotseq 0.666667$
$x_7 = 0.7$	$y_7 \fallingdotseq 0.588235$
$x_9 = 0.9$	$y_9 \fallingdotseq 0.526316$

$x_2 = 0.2$	$y_2 \fallingdotseq 0.833333$
$x_4 = 0.4$	$y_4 \fallingdotseq 0.714286$
$x_6 = 0.6$	$y_6 = 0.625$
$x_8 = 0.8$	$y_8 \fallingdotseq 0.555556$

$x_{10} = 1$	$y_{10} = 0.5$

であるから，

$$M_5 = \frac{1}{5}(y_1 + y_3 + y_5 + y_7 + y_9) \fallingdotseq 0.691908,$$

$$T_5 = \frac{1}{10}\{y_0 + y_{10} + 2(y_2 + y_4 + y_6 + y_8)\} \fallingdotseq 0.695635,$$

$$S_5 = \frac{2M_5 + T_5}{3} \fallingdotseq 0.69315033\cdots \fallingdotseq 0.6931503.$$

次に誤差について考える．$f(x) = \dfrac{1}{1+x}$ に対して，

$$f''(x) = \frac{2!}{(1+x)^3}, \qquad f^{(4)}(x) = \frac{4!}{(1+x)^5}$$

であるから，区間 $[0,1]$ 上で，$|f''(x)| \leqq 2$, $|f^{(4)}(x)| \leqq 24$ である．よって，定理 11.2 の

(1) より： $|M_5 - I| \leqq \dfrac{1}{300}$, $\quad |T_5 - I| \leqq \dfrac{1}{150}$,

(2) より： $|S_5 - I| \leqq \dfrac{1}{75000}$

である．また，前ページの注意（$k=6$, さらに S_5 については $\ell=7$）より $|M_5 - 0.691908|$, $|T_5 - 0.695635|$ は 0.5×10^{-6} 以下，$|S_5 - 0.6931503|$ は 0.55×10^{-6} 以下である．よって，

$$|I - 0.691908| \leqq |I - M_5| + |M_5 - 0.691908|$$
$$\leqq \dfrac{1}{300} + 0.5 \times 10^{-6} < 0.003334,$$
$$|I - 0.695635| \leqq |I - T_5| + |T_5 - 0.695635|$$
$$\leqq \dfrac{1}{150} + 0.5 \times 10^{-6} < 0.006668,$$
$$|I - 0.6931503| \leqq |I - S_5| + |S_5 - 0.6931503|$$
$$\leqq \dfrac{1}{75000} + 0.55 \times 10^{-6} < 0.0000139$$

である．最後の不等式より

$$0.6931364 < \log 2 < 0.6931642. \quad \blacklozenge$$

例題 11.2 $\dfrac{\pi}{4} = \displaystyle\int_0^1 \dfrac{dx}{1+x^2}$ の近似値を $n=5$ として求めてみよ．

【解】

$x_0 = 0$	$y_0 = 1$

$x_1 = 0.1$	$y_1 \fallingdotseq 0.990099$
$x_3 = 0.3$	$y_3 \fallingdotseq 0.917431$
$x_5 = 0.5$	$y_5 = 0.8$
$x_7 = 0.7$	$y_7 \fallingdotseq 0.671141$
$x_9 = 0.9$	$y_9 \fallingdotseq 0.552486$

$x_2 = 0.2$	$y_2 \fallingdotseq 0.961538$
$x_4 = 0.4$	$y_4 \fallingdotseq 0.862069$
$x_6 = 0.6$	$y_6 \fallingdotseq 0.735294$
$x_8 = 0.8$	$y_8 \fallingdotseq 0.609756$

$x_{10} = 1$	$y_{10} = 0.5$

であるから，

§11. 定積分の近似計算

$$M_5 = \frac{1}{5}(y_1 + y_3 + y_5 + y_7 + y_9) \fallingdotseq 0.7862314,$$

$$T_5 = \frac{1}{10}\{y_0 + y_{10} + 2(y_2 + y_4 + y_6 + y_8)\} \fallingdotseq 0.7837314,$$

$$S_5 = \frac{2M_5 + T_5}{3} \fallingdotseq 0.785398066\cdots \fallingdotseq 0.7853981.$$

次に，シンプソンの公式を用いたときの誤差を考える．$f(x) = \dfrac{1}{1+x^2}$ とおくと，

$$f^{(4)}(x) = \frac{24(1 - 10x^2 + 5x^4)}{(1+x^2)^5}, \qquad f^{(5)}(x) = -\frac{240(x^2-3)(3x^2-1)}{(1+x^2)^6}$$

であるから，定理 12.2 における M_4 として 24 がとれることがわかる．よって

$$|S_5 - I| \leqq \frac{1}{75000}.$$

また，107 ページの注意（$k = 6$, $\ell = 7$）より $|S_5 - 0.7853981| \leqq 0.55 \times 10^{-6}$ である．よって，

$$|I - 0.7853981| \leqq |I - S_5| + |S_5 - 0.7853981|$$

$$\leqq \frac{1}{75000} + 0.55 \times 10^{-6} < 0.0000139$$

である．よって，

$$|\pi - 3.1415924| < 0.0000556$$

である．これより

$$3.1415368 < \pi < 3.1416480. \quad \blacklozenge$$

練習問題 11

1. $\log 3 = \displaystyle\int_0^2 \frac{dx}{1+x}$ の近似値とそのときの誤差を $n = 10$ として例題 11.1 のように調べよ．

2. 例題 11.2 において $n = 5$ の代わりに $n = 50$ として計算せよ．ただし，y_0, $y_1, y_2, \cdots, y_{100}$ の計算においては小数第 11 位を四捨五入して得られる小数点以下 10 桁の小数を用いよ．（計算量が多いのでパソコンで表計算ソフトなどを用いて計算せよ．）

§12. 数列と級数

級数

$\{a_n\}$ を数列とし，§1で定義した級数

$$\sum_{n=1}^{\infty} a_n = a_1 + a_2 + \cdots + a_n + \cdots$$

を考える．まず級数に関する基本的な定理を述べる．

定理 12.1 2つの級数 $\sum_{n=1}^{\infty} a_n$ と $\sum_{n=1}^{\infty} b_n$ がそれぞれ α, β に収束すると仮定する．このとき，次が成立する．

(1) $\sum_{n=1}^{\infty}(a_n + b_n)$ は $\alpha + \beta$ に収束する．

(2) 任意の実数 c に対し，$\sum_{n=1}^{\infty} ca_n$ は $c\alpha$ に収束する．

[証明] 各 n に対し，$S_n = a_1 + \cdots + a_n$, $T_n = b_1 + \cdots + b_n$ とおく．このとき，級数の定義から $\lim_{n\to\infty} S_n = \alpha$, $\lim_{n\to\infty} T_n = \beta$ となる．また，

$$\sum_{n=1}^{\infty}(a_n + b_n) = \lim_{n\to\infty}(S_n + T_n)$$

だから，数列に関する定理1.1により，$\sum_{n=1}^{\infty}(a_n + b_n) = \alpha + \beta$ となる．

$\sum_{n=1}^{\infty} ca_n$ に関しても同様に定理1.1に帰着される．　◇

例題 12.1 級数 $\sum_{n=1}^{\infty} a_n$ が収束するならば，$\lim_{n\to\infty} a_n = 0$ となることを示せ．

【解】 $\sum_{n=1}^{\infty} a_n = \alpha$ とする．$S_n = a_1 + a_2 + \cdots + a_n$ とおけば級数の和の定義から $\lim_{n\to\infty} S_n = \alpha$ である．また，$\lim_{n\to\infty} S_{n-1} = \alpha$ でもある．したがって

$$\lim_{n\to\infty} a_n = \lim_{n\to\infty}(S_n - S_{n-1}) = \lim_{n\to\infty} S_n - \lim_{n\to\infty} S_{n-1} = \alpha - \alpha = 0. \quad \blacklozenge$$

例 12.1 級数 $\sum_{n=1}^{\infty} \frac{(-1)^{n-1}}{n}$ は収束し，$\sum_{n=1}^{\infty} \frac{1}{n}$ は $+\infty$ に発散する（例題1.2）．
　　　　　　　　　　　　　　　　　　　　　　　　　　　　　　　　　　　$\blacklozenge$

絶対収束・条件収束

級数 $\sum_{n=1}^{\infty} a_n$ を考える．もし $\sum_{n=1}^{\infty} |a_n|$ が収束するならば，$\sum_{n=1}^{\infty} a_n$ は**絶対収束**するという．また，$\sum_{n=1}^{\infty} a_n$ は収束するが $\sum_{n=1}^{\infty} |a_n|$ が発散するとき，$\sum_{n=1}^{\infty} a_n$ は**条件収束**するという．先の例より，$\sum_{n=1}^{\infty} \dfrac{(-1)^{n-1}}{n}$ は条件収束することがわかる．

定理 12.2 絶対収束する級数は収束する．

[証明] $\sum_{n=1}^{\infty} a_n$ を絶対収束する級数とする．各 n に対し，b_n と c_n を次のように定義する：
$$b_n = \begin{cases} a_n & (a_n \geq 0), \\ 0 & (a_n < 0), \end{cases} \qquad c_n = \begin{cases} 0 & (a_n \geq 0), \\ -a_n & (a_n < 0). \end{cases}$$
数列 $\{a_n\}$, $\{b_n\}$, $\{c_n\}$ の初項から第 n 項までの和をそれぞれ $\{S_n\}$, $\{T_n\}$, $\{U_n\}$ とおく．このとき
$$0 \leq b_n \leq |a_n|, \qquad 0 \leq c_n \leq |a_n|$$
だから，数列 $\{T_n\}$, $\{U_n\}$ はそれぞれ実数 $\sum_{n=1}^{\infty} |a_n|$ でおさえられる単調増加数列となるから極限値をもつ．したがって，それぞれの極限値を β, γ とすれば
$$\sum_{n=1}^{\infty} a_n = \lim_{n \to \infty} S_n = \lim_{n \to \infty} (T_n - U_n) = \lim_{n \to \infty} T_n - \lim_{n \to \infty} U_n = \beta - \gamma$$
となる． ◇

定理 12.3 $\sum_{n=1}^{\infty} a_n$ を絶対収束する級数とし，その和を α とする．このとき，その項の順番を任意に入れ替えた級数も収束し，その和も α に等しくなる．

[証明] $\sum_{n=1}^{\infty} a_n$ の順番を入れ替えた級数 $\sum_{i=1}^{\infty} a_{n_i}$ を考える．まず，各 n に対し $a_n \geq 0$ となる場合を考える（このような級数を**正項級数**という）．任意の自然数 k に対し，i を十分大きくとれば $\{a_{n_1}, a_{n_2}, \cdots, a_{n_i}\}$ の中に a_1, $\cdots, a_k$ がすべて現れる．このような i の中で最小のものを $i(k)$ とおく．こ

のとき
$$\sum_{j=1}^{k} a_{n_j} \leqq \sum_{j=1}^{i(k)} a_{n_j} \leqq \sum_{n=1}^{\infty} a_n = \alpha$$
が成立する．ここで $k \to \infty$ とすると，$i(k) \to \infty$ となるから，はさみうちの原理により $\sum_{i=1}^{\infty} a_{n_i} = \alpha$ となる．

次に一般の場合を考える．b_n, c_n を定理12.2の証明中で定義したのと同じものにする．このとき，
$$\sum_{i=1}^{\infty} a_{n_i} = \sum_{i=1}^{\infty}(b_{n_i} - c_{n_i}) = \sum_{i=1}^{\infty} b_{n_i} - \sum_{i=1}^{\infty} c_{n_i}$$
$$= \sum_{n=1}^{\infty} b_n - \sum_{n=1}^{\infty} c_n = \sum_{n=1}^{\infty} a_n$$
となる．　◇

これに反して条件収束する場合は，一見不思議に思える次の定理が成立する．

定理 12.4（リーマン）　$\sum_{n=1}^{\infty} a_n$ を条件収束する級数とし，c を任意の実数とする．このとき $\sum_{n=1}^{\infty} a_n$ の項の順番を適当に変更して，c に収束するようにできる．

［証明］　付録5を見よ．　◇

整級数

数列 $\{a_n\}_{n=0}^{\infty}$ と変数 x についての級数
$$\sum_{n=0}^{\infty} a_n x^n = a_0 + a_1 x + a_2 x^2 + \cdots + a_n x^n + \cdots$$
を**整級数**という．もし，ある区間 I が存在し，I に属する各実数を x に代入したとき，得られた各級数が収束するならば，整級数は I 上の関数を定める．よって，整級数が収束する x の範囲を求めることが重要になる．また既に見たように三角関数や指数関数などがマクローリン展開によって整級数として表されるという点も重要である．

§12. 数列と級数

定理 12.5 整級数 $\sum_{n=0}^{\infty} a_n x^n$ がある $x_0 \neq 0$ で収束するならば $|x| < |x_0|$ を満たす任意の x に対して絶対収束する．また，ある x_0 で発散すれば，$|x| > |x_0|$ となる任意の x に対して発散する．

[証明] $\sum_{n=0}^{\infty} a_n x_0^n$ が収束するから，特に

$$\lim_{n \to \infty} a_n x_0^n \to 0 \quad (n \to \infty)$$

が成立する．したがって，数列 $\{a_n x_0^n\}$ は有界になる．すなわち，n によらない ある定数 M が存在して，

$$|a_n x_0^n| < M$$

が $n \geq 0$ となる任意の整数 n に対して成立する．$|x| < |x_0|$ ならば

$$|a_n x^n| = |a_n x_0^n| \left|\frac{x}{x_0}\right|^n < M \left|\frac{x}{x_0}\right|^n$$

となる．したがって，

$$\sum_{n=0}^{\infty} |a_n x^n| \leq \sum_{n=0}^{\infty} M \left|\frac{x}{x_0}\right|^n = \lim_{n \to \infty} \frac{M\left(1 - \left|\frac{x}{x_0}\right|^n\right)}{1 - \left|\frac{x}{x_0}\right|} = \frac{M}{1 - \left|\frac{x}{x_0}\right|}$$

となる．よって，$\sum_{n=0}^{\infty} |a_n x^n|$ の部分和からなる数列は有界な単調増加数列となり，その極限値は存在する．ゆえに $\sum_{n=0}^{\infty} |a_n x^n|$ は収束する．

次に2番目の主張を背理法で示す．ある実数 x_1 で

$$\begin{cases} |x_1| > |x_0|, \\ \sum_{n=0}^{\infty} a_n x_1^n \text{ が収束する} \end{cases}$$

を満たすものが存在したと仮定する．$|x_1| > |x_0|$ だから，先程示したことにより $\sum_{n=0}^{\infty} a_n x_0^n$ は絶対収束(特に，収束)しなければならない．これは仮定に反する．したがって，$|x| > |x_0|$ となる任意の x に対して発散することが示せた． ◇

この定理によって，整級数の収束・発散については次の3つの場合のいずれかが成り立つことになる：

(1) $x = 0$ 以外は常に発散する．

(2) ある $R > 0$ が存在して，$|x| < R$ のときは絶対収束で，$|x| > R$ のときは発散する．

(3) すべての x に対して絶対収束する．

(2) の場合の R を整級数 $\sum_{n=0}^{\infty} a_n x^n$ の**収束半径**という．$|x| = R$ のときは収束・発散いずれの場合もおこりうる．(1) のときは収束半径は 0，(3) のときは収束半径は ∞ であるという．この収束半径を求めるのに非常に便利な定理を次に述べる．

定理 12.6 整級数 $\sum_{n=0}^{\infty} a_n x^n$ の収束半径を R とする．このとき，次が成立する：

(1) $\lim_{n \to \infty} \sqrt[n]{|a_n|} = r$ が存在すれば $R = \dfrac{1}{r}$．

(2) 各 n に対し，$a_n \neq 0$ とする．このとき，$\lim_{n \to \infty} \left| \dfrac{a_{n+1}}{a_n} \right| = r$ が存在すれば $R = \dfrac{1}{r}$．

ただし，$r = 0$ のときは $R = \infty$，$r = \infty$ のときは $R = 0$ と約束する．

［証明］ (1) を示す．最初に $|x| < \dfrac{1}{r}$ となる任意の x に対し $\sum_{n=0}^{\infty} a_n x^n$ が絶対収束することを示す．$r|x| < 1$ だから，$r|x| < y < 1$ となる実数 y を選ぶことができる．このとき

$$\sqrt[n]{|a_n x^n|} = \sqrt[n]{|a_n|}\, |x| \to r|x| \quad (n \to \infty)$$

であるから，$y \leq \sqrt[n]{|a_n x^n|}$ となる n は有限個しかない．すなわち，$n \geq n_0$ であれば $\sqrt[n]{|a_n x^n|} < y$ が成り立つような自然数 n_0 が存在する．$n \geq n_0$ に対して，両辺を n 乗して

$$|a_n x^n| < y^n$$

を得る．したがって

$$\sum_{n=n_0}^{\infty} |a_n x^n| \leq \sum_{n=n_0}^{\infty} y^n = \frac{y^{n_0}}{1-y} \quad (\because\ 0 < y < 1)$$

だから，$\sum_{n=n_0}^{\infty} |a_n x^n|$ は収束する．ゆえに有限個の項を付け加えた $\sum_{n=0}^{\infty} |a_n x^n|$ も収束する．このことから $\dfrac{1}{r} \leq R$ となることがわかる．いま，$\dfrac{1}{r} < R$ が

成立したと仮定する．$\dfrac{1}{r} < s < R$ となる実数 s を選ぶと収束半径の定義から $\sum\limits_{n=0}^{\infty} a_n s^n$ は絶対収束する．$1 < rs$ だから，$1 < t < rs$ となる実数 t を選ぶことができる．このとき

$$\sqrt[n]{|a_n s^n|} \to rs \qquad (n \to \infty)$$

であるから，$n \geqq n_1$ であれば $t^n < |a_n s^n|$ となるような自然数 n_1 が存在する．したがって

$$\sum_{n=n_1}^{\infty} |a_n s^n| \geqq \sum_{n=1}^{\infty} t^n = \infty \qquad (\because t > 1)$$

が成立する．ゆえに有限個の項を付け加えた $\sum\limits_{n=0}^{\infty} |a_n s^n|$ も発散することになり，これは矛盾である．よって $R = \dfrac{1}{r}$ となる．

同様の方針で (2) を示す．$|x| < \dfrac{1}{r}$ とする．$r|x| < y < 1$ となる実数 y を選ぶことができる．このとき

$$\left| \frac{a_{n+1} x^{n+1}}{a_n x^n} \right| = \left| \frac{a_{n+1}}{a_n} \right| |x| \to r|x| \qquad (n \to \infty)$$

であるから，$n \geqq n_2$ であれば

$$\left| \frac{a_{n+1} x^{n+1}}{a_n x^n} \right| < y$$

が成り立つような自然数 n_2 が存在する．$n \geqq n_2$ に対して，この不等式を繰り返し用いることにより

$$|a_{n+1} x^{n+1}| < |a_n x^n| y < |a_{n-1} x^{n-1}| y^2 < \cdots < |a_{n_2} x^{n_2}| y^{n+1-n_2}$$

が成立する．したがって

$$\sum_{n=n_2}^{\infty} |a_{n+1} x^{n+1}| \leqq |a_{n_2} x^{n_2}| \sum_{n=n_2}^{\infty} y^{n+1-n_2} = \frac{|a_{n_2} x^{n_2}| y}{1-y} \qquad (\because 0 < y < 1)$$

となり，有限個の項を付け加えた $\sum\limits_{n=0}^{\infty} |a_n x^n|$ も収束する．このことから $\dfrac{1}{r} \leqq R$ を得る．(1) と同様にして $R = \dfrac{1}{r}$ が示せるが，この議論は読者の演習問題とする．　◇

定理 12.6 の (1), (2) をそれぞれ**コーシーの判定法**，**ダランベールの判定法**と呼ぶ．

項別積分・項別微分

整級数がもつ著しい性質である項別積分と項別微分について解説する．方針としては，まず項別積分できることを証明し，次にそのことと微分積分学の基本定理(68ページ)を用い項別微分できることを示す．項別積分に関する定理を示すために2つの定理を準備する．

定理 12.7 $\sum_{n=0}^{\infty} a_n x^n$ と $\sum_{n=1}^{\infty} n a_n x^{n-1}$ の収束半径は一致する．

[証明] $\sum_{n=0}^{\infty} a_n x^n$ の収束半径を R_1 とし，$\sum_{n=1}^{\infty} n a_n x^{n-1}$ の収束半径を R_2 として $R_1 = R_2$ を示す．

$0 < s < R_1$ となる任意の実数 s をとる．収束半径の定義から $\sum_{n=0}^{\infty} a_n s^n$ は絶対収束する．特にこのことから，$n \geqq 0$ ならば

$$|a_n s^n| < M$$

が成立するような定数 M が存在することがわかる．したがって，もし $|x| < s$ ならば

$$|n a_n x^{n-1}| = \frac{n |a_n s^n|}{s} \left|\frac{x}{s}\right|^{n-1} < \frac{nM}{s} \left|\frac{x}{s}\right|^{n-1}$$

が成立する．よって

$$\sum_{n=1}^{\infty} |n a_n x^{n-1}| < \sum_{n=1}^{\infty} \frac{nM}{s} \left|\frac{x}{s}\right|^{n-1}$$

を得る．このとき右辺が有限の値となることがダランベールの判定法からわかる．実際，z を変数とした整級数

$$\sum_{n=1}^{\infty} \frac{nM}{s} \left|\frac{x}{s}\right|^{n-1} z^n$$

を考えると，判定法から収束半径は $\frac{s}{|x|}$ (>1) となり，特に $z=1$ のとき収束することがわかる．ゆえに $|x| < s$ ならば

$$\sum_{n=1}^{\infty} |n a_n x^{n-1}|$$

は収束するが，s は $0 < s < R_1$ なる任意の実数だったから，$\sum_{n=1}^{\infty} n a_n x^{n-1}$ は

§12. 数列と級数

$|x| < R_1$ ならば絶対収束することになる．したがって，$R_1 \leqq R_2$ となる．

$|x| < R_2$ とする．各 n に対し $|a_n x^{n-1}| \leqq |n a_n x^{n-1}|$ が成立するから，

$$\sum_{n=1}^{\infty} |a_n x^{n-1}| \leqq \sum_{n=1}^{\infty} |n a_n x^{n-1}|$$

となるが，$|x| < R_2$ で右辺は収束する．したがって

$$\sum_{n=0}^{\infty} |a_n x^n| = |a_0| + |x| \sum_{n=1}^{\infty} |a_n x^{n-1}|$$

も収束する．ゆえに $R_2 \leqq R_1$ である．

以上によって $R_1 = R_2$ が証明された．◇

定理 12.8 整級数 $f(x) = \sum_{n=0}^{\infty} a_n x^n$ の収束半径を R とし，$R > 0$ と仮定する．このとき $f(x)$ は開区間 $(-R, R)$ で連続となる．

[証明] 区間 $(-R, R)$ に属する任意の実数 α をとる．$\lim_{x \to \alpha} f(x) = f(\alpha)$ が成立することを示す．いま $|\alpha| < r < R$ を満たす正の実数 r を固定する．明らかに x が α の十分近くにあれば $|x| < r$ が成立する．この仮定のもとで次の不等式が成立する：

$|f(x) - f(\alpha)|$
$= \left| \sum_{n=0}^{\infty} a_n x^n - \sum_{n=0}^{\infty} a_n \alpha^n \right| = \left| \sum_{n=1}^{\infty} a_n (x^n - \alpha^n) \right|$
$= \left| (x - \alpha) \sum_{n=1}^{\infty} a_n (x^{n-1} + x^{n-2} \alpha + x^{n-3} \alpha^2 + \cdots + x \alpha^{n-2} + \alpha^{n-1}) \right|$
$\leqq |x - \alpha| \sum_{n=1}^{\infty} |a_n| (|x|^{n-1} + |x|^{n-2} |\alpha| + \cdots + |x| |\alpha|^{n-2} + |\alpha|^{n-1})$
$< |x - \alpha| \sum_{n=1}^{\infty} n |a_n| r^{n-1}$.

定理 12.7 より $\sum_{n=1}^{\infty} n |a_n| r^{n-1}$ は収束し，x に無関係な定数となる．したがって，x を限りなく α に近づけたとき，この不等式の右辺は限りなく 0 に近づくことがわかる．ゆえに

$$f(x) - f(\alpha) \to 0 \ (\text{すなわち } f(x) \to f(\alpha)) \quad (x \to \alpha). \quad \diamondsuit$$

定理 12.9 整級数 $f(x) = \sum\limits_{n=0}^{\infty} a_n x^n$ の収束半径を R とし，$R > 0$ と仮定する．このとき $f(x)$ は開区間 $(-R, R)$ において項別積分可能である．すなわち

$$\int_0^x f(t)\,dt = \sum_{n=0}^{\infty} \frac{a_n}{n+1} x^{n+1}$$

が成立する．

［証明］ 定理 12.8 により，$f(x)$ は $(-R, R)$ で連続だから，積分可能であることに注意する．$|x| < R$ となる実数 x を固定する．自然数 N に対し

$$S_N(x) = \sum_{n=0}^{N} a_n x^n$$

とおく．まず $x \geqq 0$ の場合を考える．このとき

$$\left| \int_0^x f(t)\,dt - \int_0^x S_N(t)\,dt \right| \leqq \int_0^x |f(t) - S_N(t)|\,dt = \int_0^x \left| \sum_{n=N+1}^{\infty} a_n t^n \right| dt$$

$$\leqq \int_0^x \sum_{n=N+1}^{\infty} |a_n t^n|\,dt$$

$$\leqq \int_0^x \sum_{n=N+1}^{\infty} |a_n x^n|\,dt \quad (\because |t| \leqq |x|)$$

$$= \sum_{n=N+1}^{\infty} |a_n x^n| \int_0^x dt = \left(\sum_{n=N+1}^{\infty} |a_n x^n| \right) x$$

となる．$\sum\limits_{n=0}^{\infty} |a_n x^n|$ は収束するから，$N \to \infty$ のとき $\sum\limits_{n=N+1}^{\infty} |a_n x^n| \to 0$ となる．これは数列 $\left\{ \int_0^x S_N(t)\,dt \right\}_{N=1}^{\infty}$ が $\int_0^x f(t)\,dt$ に収束することを意味する．一方，

$$\int_0^x S_N(t)\,dt = \sum_{n=0}^{N} \frac{a_n}{n+1} x^{n+1}$$

であるから，$x \geqq 0$ の場合に定理の主張は示された．

次に $x < 0$ の場合を考える．このとき

$$\left| \int_0^x f(t)\,dt - \int_0^x S_N(t)\,dt \right| = \left| \int_x^0 f(t)\,dt - \int_x^0 S_N(t)\,dt \right|$$

$$\leqq \int_x^0 |f(t) - S_N(t)|\,dt$$

に注意すると，$x \geqq 0$ の場合と同様にして示せる． ◇

定理 12.10 整級数 $f(x) = \sum_{n=0}^{\infty} a_n x^n$ の収束半径を R とし，$R > 0$ と仮定する．このとき $f(x)$ は開区間 $(-R, R)$ において項別微分可能である．すなわち

$$f'(x) = \sum_{n=1}^{\infty} n a_n x^{n-1}$$

が成立する．

［証明］ $g(x) = \sum_{n=1}^{\infty} n a_n x^{n-1}$ とおく．定理 12.7 より $g(x)$ の収束半径も R となる．したがって，定理 12.9 により $g(x)$ は $(-R, R)$ において項別積分可能である：

$$\int_0^x g(t)\, dt = \sum_{n=1}^{\infty} a_n x^n = f(x) - a_0 \quad (|x| < R).$$

微分積分学の基本定理（68 ページ）によって $\int_0^x g(t)\, dt$ は微分可能でその導関数は $g(x)$ である．すなわち $f(x)$ も微分可能でその導関数は $g(x)$ となる．　◇

練習問題 12

1. 次の 3 つの条件を満たす数列 $\{a_n\}$ を考える：
$$\begin{cases} a_n \geq 0, \\ a_n \geq a_{n+1}, \text{ すなわち } \{a_n\} \text{ は単調減少}, \\ \lim_{n \to \infty} a_n = 0. \end{cases}$$
このとき次の級数（**交代級数**と呼ばれる）
$$\sum_{n=1}^{\infty} (-1)^{n-1} a_n = a_1 - a_2 + a_3 - \cdots$$
は収束することを示せ．これは**ライプニッツの定理**と呼ばれる．（ヒント：例題 1.2 (1) の議論を参考にせよ．）

2. $\sum_{n=1}^{\infty} a_n$ を正項級数とする．このとき次の (1), (2) が成立することを示せ．
 (1) $r = \lim_{n \to \infty} \sqrt[n]{a_n}$ とする．$\sum_{n=1}^{\infty} a_n$ は $r < 1$ ならば収束し，$r > 1$ ならば発散する．

（2） $r = \lim_{n\to\infty} \frac{a_{n+1}}{a_n}$ とする．$\sum_{n=1}^{\infty} a_n$ は $r < 1$ ならば収束し，$r > 1$ ならば発散する．

(1), (2) をそれぞれ (正項級数に関する) **コーシーの判定法**，**ダランベールの判定法**という．（ヒント： 整級数 $\sum_{n=0}^{\infty} a_{n+1} x^n$ を考え，収束半径を計算し，それが 1 より大きいか小さいかを調べよ．）

§13. フーリエ級数

この節では，微分積分の1つの応用として，様々な分野に現れるフーリエ級数について見てみよう．その結果として，ある種の関数はフーリエ級数から再現されることが示されるだろう．ただし，この節で扱う関数は，すべて有界な関数とする．

三角関数の直交性

三角関数の加法定理(付録3の公式3.4)を用いると次の定理が示される．

定理 13.1 自然数 m, n に対して次の等式が成立する．

$$\int_{-\pi}^{\pi} \sin mx \sin nx \, dx = \begin{cases} \pi & (m=n), \\ 0 & (m \neq n) \end{cases}$$

$$\int_{-\pi}^{\pi} \sin mx \cos nx \, dx = 0$$

$$\int_{-\pi}^{\pi} \cos mx \cos nx \, dx = \begin{cases} \pi & (m=n), \\ 0 & (m \neq n) \end{cases}$$

[証明] 次のそれぞれの式の両辺を積分することで求める式が得られる．

$$\sin mx \sin nx = \frac{1}{2}\{\cos(m-n)x - \cos(m+n)x\},$$

$$\sin mx \cos nx = \frac{1}{2}\{\sin(m+n)x + \sin(m-n)x\},$$

$$\cos mx \cos nx = \frac{1}{2}\{\cos(m+n)x + \cos(m-n)x\}. \quad \diamondsuit$$

上の定理の性質を**三角関数の直交性**という．フーリエ級数を考える上で，これは基本となるものである．

三角多項式

関数 $f(x)$ が，三角関数の 1 次結合として

$$f(x) = \frac{a_0}{2} + \sum_{k=1}^{n} (a_k \cos kx + b_k \sin kx) \qquad (\sharp)$$

($a_0, a_1, \cdots, a_n$, $b_1, \cdots, b_n$ は実数)と表されるとき，$f(x)$ を**三角多項式**という．

三角関数 $\sin x$, $\cos x$ は，$\sin(x+2\pi) = \sin x$, $\cos(x+2\pi) = \cos x$ を満たす．一般に，関数 $f(x)$ が $f(x+2\pi) = f(x)$ を満たすとき，$f(x)$ を**周期** 2π **の関数**という．閉区間 $[0, 2\pi]$ で積分可能(広義積分可能)な周期 2π の関数 $f(x)$ については，任意の実数 a に対し

$$\int_a^{a+2\pi} f(x)\, dx = \int_0^{2\pi} f(x)\, dx$$

が成立する(練習問題 13 の 1)．

フーリエ係数とフーリエ級数

三角多項式 ($\sharp$) については $\sin kx$, $\cos kx$ の係数を次のように三角関数の直交性を用いて取り出すことができる(ただし，$a_k = b_k = 0$ ($k > n$) とする)．

$$a_k = \frac{1}{\pi} \int_{-\pi}^{\pi} f(x) \cos kx\, dx \qquad (k = 0, 1, 2, \cdots),$$

$$b_k = \frac{1}{\pi} \int_{-\pi}^{\pi} f(x) \sin kx\, dx \qquad (k = 1, 2, \cdots).$$

この考えから，一般に，周期 2π の積分可能な関数 $f(x)$ に対し，上のように a_k ($k = 0, 1, 2, \cdots$)，b_k ($k = 1, 2, \cdots$) を定義する．このとき，$a_0, a_1, a_2, \cdots$, $b_1, b_2, \cdots$ を $f(x)$ の**フーリエ係数**という．また，形式的な級数

$$\frac{a_0}{2} + \sum_{k=1}^{\infty} (a_k \cos kx + b_k \sin kx)$$

を $f(x)$ の**フーリエ級数**といい，

§13. フーリエ級数

$$f(x) \sim \frac{a_0}{2} + \sum_{k=1}^{\infty}(a_k \cos kx + b_k \sin kx)$$

と書く．さらに，フーリエ級数の第 $n+1$ 項までの**部分和** $S_n(x)$ を

$$S_n(x) = \frac{a_0}{2} + \sum_{k=1}^{n}(a_k \cos kx + b_k \sin kx)$$

で定義する．この場合，フーリエ係数の定義を代入すると

$$S_n(x) = \frac{1}{\pi}\Big\{\int_{-\pi}^{\pi} f(y)\Big(\frac{1}{2} + \sum_{k=1}^{n}(\cos ky \cos kx + \sin ky \sin kx)\Big) dy\Big\}$$

となる．ここで，

$$D_n(y) = \frac{1}{2} + \sum_{k=1}^{n} \cos ky \qquad (*)$$

と定義すれば，変数変換と $f(x)$ が周期 2π の関数であることを用いて

$$S_n(x) = \frac{1}{\pi}\int_{-\pi}^{\pi} f(x+y) D_n(y)\, dy$$

となることに注意しよう．

例題 13.1 上の式 $(*)$ で定義される $D_n(x)$ に対して次を示せ．

（1） 関数 $D_n(x)$ は

$$D_n(x) = \frac{\sin\left(n+\frac{1}{2}\right)x}{2\sin\frac{x}{2}} \qquad (x \neq 2m\pi,\ m\text{ は整数})$$

と表され，$\dfrac{1}{\pi}\displaystyle\int_{-\pi}^{\pi} D_n(x)\, dx = 1$ が成り立つ．

（2） $K_n(x) = \dfrac{\dfrac{1}{2} + D_1(x) + D_2(x) + \cdots + D_n(x)}{n+1}$ とおくとき，

$$K_n(x) = \frac{1}{2(n+1)}\left\{\frac{\sin\dfrac{n+1}{2}x}{\sin\dfrac{x}{2}}\right\}^2 \qquad (x \neq 2m\pi,\ m\text{ は整数})$$

が成り立つ．これより

$$\frac{1}{\pi}\int_{-\pi}^{\pi} K_n(x)\, dx = 1, \qquad \lim_{n\to\infty}\int_{\delta}^{\pi} K_n(x)\, dx = 0 \quad (0 < \delta < \pi),$$

$$K_n(x) \geqq 0$$

が得られる.

【解】 (1) $D_n(x)\sin\dfrac{x}{2} = \dfrac{1}{2}\sin\dfrac{x}{2} + \sum_{k=1}^{n}\cos kx \sin\dfrac{x}{2}$

$\qquad\qquad\qquad = \dfrac{1}{2}\sin\dfrac{x}{2} + \dfrac{1}{2}\sum_{k=1}^{n}\left(\sin\dfrac{2k+1}{2}x - \sin\dfrac{2k-1}{2}x\right)$

$\qquad\qquad\qquad = \dfrac{1}{2}\sin\dfrac{2n+1}{2}x.$

後半の式は,$D_n(x)$ の定義から得られる.

(2) $\left(\dfrac{1}{2} + D_1(x) + \cdots + D_n(x)\right)\sin^2\dfrac{x}{2}$

$\qquad\qquad = \dfrac{1}{2}\sum_{k=0}^{n}\sin\left(k+\dfrac{1}{2}\right)x \sin\dfrac{x}{2}$

$\qquad\qquad = -\dfrac{1}{4}\sum_{k=0}^{n}\{\cos(k+1)x - \cos kx\}$

$\qquad\qquad = \dfrac{1}{4}\{1 - \cos(n+1)x\} = \dfrac{1}{2}\sin^2\dfrac{n+1}{2}x.$

後半は,$K_n(x)$ の定義および前半の結果から $\sin\dfrac{\delta}{2} > 0$ に注意すれば容易に得られる(練習問題 13 の 2). ◆

三角多項式による近似

周期 2π の連続関数は,三角多項式によって近似される.実際,次の定理が成り立つ.

定理 13.2 $f(x)$ を周期 2π の連続関数とし,$f(x)$ のフーリエ級数の部分和を $S_n(x)$ とする.このとき,三角多項式の列 $\{P_n(x)\}_{n=1}^{\infty}$ を

$$P_n(x) = \dfrac{S_0(x) + S_1(x) + \cdots + S_n(x)}{n+1}$$

とおけば,

$$\lim_{n\to\infty}\max_{0\le x\le 2\pi}|f(x) - P_n(x)| = 0$$

が成り立つ.

§13. フーリエ級数

[証明]　部分和 $S_n(x)$ の定義（123 ページ）のところの注意と例題 13.1 (2) により

$$f(x) - P_n(x) = \frac{1}{\pi}\int_{-\pi}^{\pi} f(x) K_n(y)\,dy - \frac{1}{\pi}\int_{-\pi}^{\pi} f(x+y) K_n(y)\,dy$$

$$= \frac{1}{\pi}\int_{-\pi}^{\pi} \{f(x) - f(x+y)\} K_n(y)\,dy$$

となる．したがって，例題 13.1 (2) より $K_n(y) \geqq 0$ を用いると

$$|f(x) - P_n(x)| \leqq \frac{1}{\pi}\int_{-\pi}^{\pi} |f(x+y) - f(x)| K_n(y)\,dy$$

となる．ゆえに $0 < \delta < \pi$ に対し

$$|f(x) - P_n(x)| \leqq \frac{1}{\pi}\int_{-\delta}^{\delta} |f(x+y) - f(x)| K_n(y)\,dy$$

$$+ \frac{4}{\pi}\max_{0 \leqq y \leqq 2\pi} |f(y)| \int_{\delta}^{\pi} K_n(y)\,dy$$

$$\leqq \max_{|y| \leqq \delta,\, 0 \leqq x \leqq 2\pi} |f(x+y) - f(x)| \frac{1}{\pi}\int_{-\pi}^{\pi} K_n(y)\,dy$$

$$+ \frac{4}{\pi}\max_{0 \leqq y \leqq 2\pi} |f(y)| \int_{\delta}^{\pi} K_n(y)\,dy$$

を得る．ここで，$f(x)$ が周期 2π の連続関数であることより

$$\lim_{y \to 0} \max_{0 \leqq x \leqq 2\pi} |f(x+y) - f(x)| = 0$$

が示されることと（練習問題 13 の 3），例題 13.1 (2) を利用すると

$$\lim_{n \to \infty} \max_{0 \leqq x \leqq 2\pi} |f(x) - P_n(x)| = 0$$

を示すことができる．◇

リーマン-ルベーグの定理

フーリエ係数には，次のような性質がある．

定理 13.3 周期 2π の連続関数 $f(x)$ のフーリエ係数を $a_0, a_1, a_2, \cdots,\ b_1, b_2, \cdots$ とおくと

$$\lim_{n\to\infty} a_n = 0, \qquad \lim_{n\to\infty} b_n = 0$$

が成り立つ．

［証明］ 定理 13.2 の記号で $f(x)$ を近似する多項式を $P_N(x)$ とする．このとき，$n > N$ なら三角関数の直交性より

$$a_n = \frac{1}{\pi}\int_{-\pi}^{\pi} f(x)\cos nx\, dx = \frac{1}{\pi}\int_{-\pi}^{\pi}\{f(x) - P_N(x)\}\cos nx\, dx$$

となる．ゆえに

$$|a_n| \leq \frac{1}{\pi}\int_{-\pi}^{\pi}|f(x) - P_N(x)|dx \leq 2\max_{0\leq x\leq 2\pi}|f(x) - P_N(x)|$$

となる．よって定理 13.2 により $\lim_{n\to\infty} a_n = 0$ を得る．

同様にして $\lim_{n\to\infty} b_n = 0$ を得る． ◇

一意性の定理

周期 2π の連続関数は，フーリエ係数により定まる．実際，次のことが示される．

定理 13.4 周期 2π の連続関数 $f(x),\ g(x)$ において，各々のフーリエ係数を $\{a_0, a_1, \cdots,\ b_1, \cdots\}$，$\{a_0', a_1', \cdots,\ b_1', \cdots\}$ とする．このとき，

$$a_k = a_k' \quad (k = 0, 1, 2, \cdots), \qquad b_k = b_k' \quad (k = 1, 2, \cdots)$$

ならば $f(x) = g(x)$ が成り立つ．

［証明］ $h(x) = f(x) - g(x)$ とおき，$h(x)$ のフーリエ係数を $c_0, c_1, \cdots,\ d_1, \cdots$ とする．このとき，

$$c_k = a_k - a_k' \quad (k = 0, 1, 2, \cdots), \qquad d_k = b_k - b_k' \quad (k = 1, 2, \cdots)$$

であるから，

$$c_k = 0 \quad (k = 0, 1, 2, \cdots), \qquad d_k = 0 \quad (k = 1, 2, \cdots)$$

となる.したがって,定理 13.2 より $h(x)$ に対する $P_n(x)$ は $P_n(x) = 0$ となり $h(x) = 0$ が示される.よって $f(x) = g(x)$ を得る. ◇

区分的に連続および区分的に滑らか

ここで,対象となる関数を連続関数の枠から少し広げよう.閉区間 $[a,b]$ 上の関数 $f(x)$ が**区分的に連続**であるとは,開区間 (a,b) で高々有限個の不連続点をもちかつ各不連続点 ξ ($a < \xi < b$) および両端点 a,b において右側および左側極限値 $f(\xi+0)$, $f(\xi-0)$, $f(a+0)$, $f(b-0)$ をもつことをいう.また,**R** 上の関数 $f(x)$ が**区分的に連続**であるとは,任意の閉区間において区分的に連続であることをいう.閉区間 $[a,b]$ で区分的に連続な関数は積分可能である.この関数 $f(x)$ に対しては,有限個の不連続点の近くで若干の修正を行った連続関数 $g(x)$ を適当に選ぶことにより

$$\int_a^b |f(x) - g(x)|\, dx$$

は,いくらでも小さくできる.これを考慮すれば,**R** 上の区分的に連続な周期 2π の関数に対しても定理 13.3 は成立することがわかる.

また,閉区間 $[a,b]$ 上の関数 $f(x)$ が**区分的に滑らか**であるとは,開区間 (a,b) で高々有限個の不連続点 $\{\xi_i\}_{i=1}^n$ ($\xi_1 < \xi_2 < \cdots < \xi_n$) をもち,かつ開区間 (a, ξ_1), (ξ_i, ξ_{i+1}) ($i = 1, 2, \cdots, n-1$), (ξ_n, b) で微分可能で導関数 $f'(x)$ は連続であり,さらに不連続点 $\{\xi_i\}_{i=1}^n$ および両端点 a,b において $f'(x)$ の右側および左側極限値 $f'(\xi_i+0)$, $f'(\xi_i-0)$, $f'(a+0)$, $f'(b-0)$ が存在することをいう.また,**R** 上の関数 $f(x)$ が**区分的に滑らか**であるとは,任意の閉区間において区分的に滑らかであることをいう.

フーリエ級数による関数の再現

さて,フーリエ級数により元の関数を再現する定理を述べよう.この定理

の証明には例題 13.1, 定理 13.3 などが利用される．

定理 13.5 実数全体 $\mathbf{R}$ で定義された区分的に滑らかな，周期 2π の関数 $f(x)$ と，そのフーリエ級数の部分和 $S_n(x)$ に対して

$$\lim_{n\to\infty} S_n(x) = \frac{1}{2}\{f(x+0) + f(x-0)\}$$

が成り立つ．特に，$f(x)$ が点 x で連続ならば $\lim_{n\to\infty} S_n(x) = f(x)$ である．

[証明] 部分和 $S_n(x)$ の定義（123 ページ）のところで注意したように，$S_n(x) = \dfrac{1}{\pi}\displaystyle\int_{-\pi}^{\pi} f(x+y) D_n(y)\, dy$ であるから

$$S_n(x) - \frac{1}{2}\{f(x+0) + f(x-0)\}$$

$$= \frac{1}{\pi}\int_0^{\pi} \{f(x+y) - f(x+0)\} D_n(y)\, dy$$

$$+ \frac{1}{\pi}\int_{-\pi}^0 \{f(x+y) - f(x-0)\} D_n(y)\, dy. \qquad (**)$$

右辺の第 2 項で，$y \to -y$ なる変数変換を行い，例題 13.1 (1) を用いると

$$= \frac{1}{\pi}\int_0^{\pi} \frac{\{f(x+y) - f(x+0)\} + \{f(x-y) - f(x-0)\}}{2\sin\frac{y}{2}} \sin\left(n + \frac{1}{2}\right)y\, dy$$

となる．ここで，関数 $f(x)$ が区分的に滑らかなので

$$\frac{\{f(x+y) - f(x+0)\} + \{f(x-y) - f(x-0)\}}{2\sin\frac{y}{2}}$$

は $0 \leqq y \leqq \pi$ において区分的に連続である．また，加法定理により

$$\sin\left(n + \frac{1}{2}\right)y = \sin ny \cos\frac{y}{2} + \cos ny \sin\frac{y}{2}$$

であるから，これらを考慮すると上の式 $(**)$ の右辺に対し区分的に連続な周期 2π の関数についての定理 13.3 が応用できるので

$$\lim_{n\to\infty}\left(S_n(x) - \frac{1}{2}\{f(x+0) + f(x-0)\}\right) = 0$$

が示される．◇

フーリエ級数の応用例

ここでは，フーリエ級数の応用として級数の和を求める例を挙げる．

例題 13.2
$$f(x) = \begin{cases} 1 & (0 \leq x < \pi), \\ 0 & (-\pi \leq x < 0) \end{cases}$$

を $f(x+2\pi) = f(x)$ により $\mathbf{R}$ 上に拡張した周期 2π の関数 $f(x)$ のフーリエ級数を求めよ．また，これを利用して次の等式を示せ．

$$1 - \frac{1}{3} + \frac{1}{5} - \cdots = \frac{\pi}{4}.$$

【解】 関数 $f(x)$ は区間 $[-\pi, 0)$ で 0，区間 $[0, \pi)$ で 1 より，$f(x)$ のフーリエ係数は

$$a_n = \frac{1}{\pi}\left\{\int_{-\pi}^{0} 0\,dx + \int_{0}^{\pi} \cos nx\,dx\right\} = \begin{cases} 1 & (n = 0), \\ 0 & (n \neq 0) \end{cases}$$

$$b_n = \frac{1}{\pi}\left\{\int_{-\pi}^{0} 0\,dx + \int_{0}^{\pi} \sin nx\,dx\right\} = \begin{cases} 0 & (n \text{ が偶数}), \\ \dfrac{2}{n\pi} & (n \text{ が奇数}) \end{cases}$$

である．よって定理 13.5 より

$$\frac{1}{2}\{f(x+0) + f(x-0)\} = \lim_{n \to \infty} S_n(x) = \frac{1}{2} + \sum_{n=1}^{\infty} \frac{2}{(2n-1)\pi} \sin(2n-1)x.$$

ここで $x \neq n\pi$ ならば $f(x)$ は点 x で連続で，かつ $f(x) = 1\ (0 < x < \pi)$，$f(x) = 0\ (-\pi < x < 0)$ であり，さらに $f(+0) + f(-0) = 1$ であるから

$$\frac{1}{2} + \sum_{n=1}^{\infty} \frac{2}{(2n-1)\pi} \sin(2n-1)x = \begin{cases} 0 & (-\pi < x < 0), \\ \dfrac{1}{2} & (x = 0), \\ 1 & (0 < x < \pi) \end{cases}$$

となる．特に $x = \dfrac{\pi}{2}$ とすれば，$\dfrac{1}{2} + \dfrac{2}{\pi}\sum_{n=1}^{\infty} \dfrac{(-1)^{n-1}}{(2n-1)} = 1$ より

$$1 - \frac{1}{3} + \frac{1}{5} - \cdots = \frac{\pi}{4}$$

が示される（$S_5(x)$ のグラフを次ページに示す）．　◆

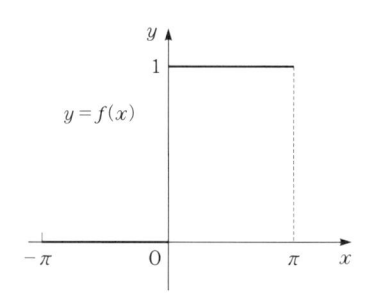

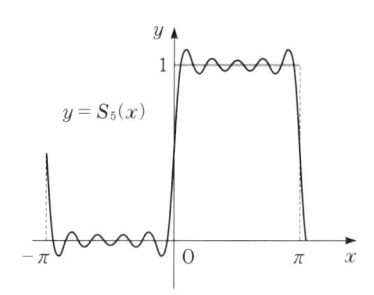

練習問題 13

1. $f(x)$ を閉区間 $[0, 2\pi]$ で積分可能な $\mathbf{R}$ 上の周期 2π の関数とする．このとき，任意の実数 a に対し
$$\int_a^{a+2\pi} f(x)\, dx = \int_0^{2\pi} f(x)\, dx$$
が成立することを示せ．

2. $\dfrac{1}{\pi}\int_{-\pi}^{\pi} K_n(x)\, dx = 1$, $\quad \lim_{n\to\infty}\int_\delta^\pi K_n(x)\, dx = 0 \quad (0 < \delta < \pi)$
が成立することを示せ．

3. $f(x)$ を周期 2π の連続関数とする．0 に収束する数列 $\{y_n\}_{n=1}^{\infty}$ に対し，
$$\lim_{n\to\infty} \max_{0 \leq x \leq 2\pi} |f(x+y_n) - f(x)| = 0$$
となることを示せ．

4.
$$f(x) = \begin{cases} x & (-\pi < x < \pi), \\ 0 & (x = -\pi) \end{cases}$$
を $f(x+2\pi) = f(x)$ により $\mathbf{R}$ 上に拡張した周期 2π の関数 $f(x)$ のフーリエ級数を求めよ．

5. $\qquad f(x) = \pi - 2|x| \quad (-\pi \leq x < \pi)$
を $f(x+2\pi) = f(x)$ により $\mathbf{R}$ 上に拡張した周期 2π の関数 $f(x)$ のフーリエ級数を求めよ．さらに，それを利用して次の等式を示せ．
$$\sum_{n=1}^{\infty} \frac{1}{n^2} = \frac{\pi^2}{6}.$$

§14. 微分方程式

微分方程式

物体の自由落下について思い出してみよう．基準点 O を通り鉛直上方に y 軸をとる．時刻 t における質量 m の物体の位置を $y = y(t)$，重力加速度を g とする．このとき，物体の速度，加速度はそれぞれ $\dfrac{dy}{dt}$，$\dfrac{d^2y}{dt^2}$ で表される．また，よく知られたように物体には $F = -mg$ の力が働き，運動方程式 $F = m\dfrac{d^2y}{dt^2}$ に代入すると

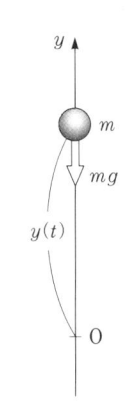

$$\frac{d^2y}{dt^2} = -g$$

が成り立つ．

このように，独立変数(上の例では時刻 t)と未知関数(例では位置 y)およびその導関数を含む方程式を**微分方程式**という．また，独立変数が1つである微分方程式を**常微分方程式**，独立変数が2つ以上である微分方程式を**偏微分方程式**という．本書では常微分方程式のみを扱うので，それを単に微分方程式と呼ぶことにする．

微分方程式を満たす関数をその微分方程式の**解**といい，解を求めることを微分方程式を**解く**という．また，微分方程式に含まれる導関数の最高次数をその微分方程式の**階数**という．例えば，$\dfrac{d^2y}{dt^2} = -g$ は2階の微分方程式である．

例題 14.1 g を定数とするとき，微分方程式 $\dfrac{d^2y}{dt^2} = -g$ を解け．

【解】 微分方程式を t に関して積分すると $\dfrac{dy}{dt} = -gt + C_1$ （C_1 は任意定数）

であり,さらに t に関して積分すると
$$y = -\frac{1}{2}gt^2 + C_1 t + C_2 \quad (C_1, C_2 \text{ は任意定数})$$
と表される.逆に,任意の C_1, C_2 に対して上の式で表される y が微分方程式の解であることは直接計算により示される. ◆

微分方程式の例

ばねの運動: ばね定数 k のばねに質量 m のおもりをぶら下げる.つりあった位置からの変位を y とすると,ばねには復元力 $-ky$ がかかり
$$my'' = -ky$$
が成り立つ.

減衰振動: ばねの運動が,空気抵抗など y' に比例する抵抗をうけるとき,
$$my'' + \lambda y' + ky = 0 \quad (\lambda \text{ は比例定数})$$
が成り立つ.

電気回路: コンデンサー C,抵抗 R,コイル L からなる回路に流れる電流 $I(t)$ は,
$$L\frac{d^2 I}{dt^2} + R\frac{dI}{dt} + \frac{1}{C}I = 0$$
なる微分方程式を満たす.

物質の崩壊: 物質が時刻 t で $N(t)$ 量をもち,崩壊の割合が物質量に比例するとき,
$$\frac{dN(t)}{dt} = kN(t) \quad (k \text{ は比例定数})$$
が成り立つ.

液体の流出: 液体の流出する容器があり,時刻 t での液体量を $V(t)$ とする.例えば,流出量が液面の高さ $h(t)$ に比例する場合は
$$\frac{dV(t)}{dt} = -kh(t) \quad (k \text{ は比例定数})$$
が成り立つ.

§14. 微分方程式

例題 14.2 次の関数 y の定数 b, c を消去して，微分方程式を導け．ただし，a, k は定数とする．

（1） $y = ax + b$ （2） $y = ax^2 + bx + c$
（3） $y = b \sin k\omega + c \cos k\omega$

【解】（1） y を x に関して微分すると $y' = a$ が得られる．
　（2）（1）と同様に，$y' = 2ax + b$ より $y'' = 2a$．
　（3） $y' = k(b \cos k\omega - c \sin k\omega)$ より，$y'' = -k^2(b \sin k\omega + c \cos k\omega) = -k^2 y$．よって $y'' = -k^2 y$ を得る． ◆

問 14.1 次の関数 y の定数 b, c を消去して，微分方程式を導け．ただし，a, k は定数とする．

（1） $y = b e^{ax}$ （2） $y = b \sinh kx + c \cosh kx$

微分方程式の解に含まれる任意の定数を解の**任意定数**といい，微分方程式の階数と同じ個数の任意定数を含む解を微分方程式の**一般解**という．また，一般解の任意定数に特定の値を代入して得られる解を**特殊解**，一般解の任意定数にどのような値を代入しても書き表せない解を**特異解**という．

例 14.1（クレローの微分方程式） 次の微分方程式を考える．
$$y = y'x + \frac{1}{2}(y')^2.$$

x に関して両辺を微分すると，$y' = y''x + y' + y''y'$ より $y''(y' + x) = 0$．$y'' = 0$ のとき $y = Cx + D$（C, D は任意定数）と書け，微分方程式に代入すると $D = \frac{1}{2}C^2$ がわかる．よって，一般解
$$y = Cx + \frac{1}{2}C^2 \quad (C \text{ は任意定数})$$
が得られる．また，$y' + x = 0$ のとき，与えられた微分方程式に代入すると $y = -\frac{1}{2}x^2$ であり，これは特異解である．次ページに解（一般解と特異解）のグラフを示す．C にどのような値を代入しても，曲線 $y = -\frac{1}{2}x^2$ の下側に解が存在しないことがわかる． ◆

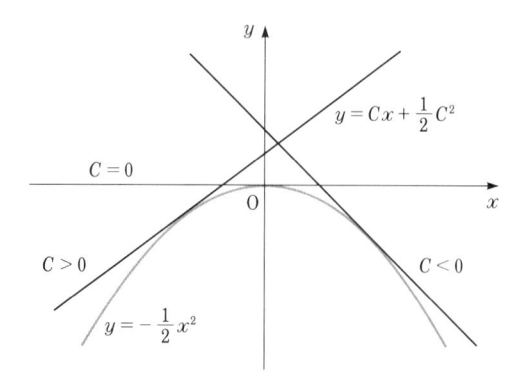

変数分離形

$f(x)$ を x の関数,$g(y)$ を y の関数とするとき,$y' = f(x)\,g(y)$ なる形の微分方程式は**変数分離形**と呼ばれ,$g(y) \neq 0$ のときは,$\dfrac{1}{g(y)}\dfrac{dy}{dx} = f(x)$ の両辺を x について積分し,左辺に置換積分を適用すれば,

$$\int \frac{1}{g(y)}\,dy = \int f(x)\,dx + C \quad (C\text{ は任意定数})$$

が得られる.また,$g(y_0) = 0$ であるとき $y = y_0$ も微分方程式の解である.

例題 14.3 次の微分方程式を解け(物質の崩壊).

$$y' = ky \quad (k\text{ は定数})$$

【解】 $y \neq 0$ のとき,

$$\int \frac{1}{y}\,dy = \int k\,dx + C \quad (C\text{ は任意定数})$$

より,

$$\log|y| = kx + C. \quad \text{ゆえに} \quad y = \pm e^C e^{kx}.$$

ここで $\pm e^C = A$ とおくと A は 0 以外の任意定数であり $y = Ae^{kx}$ となる.この式において $A = 0$ とすれば,解 $y = 0$ も含まれる.以上より,一般解

$$y = Ae^{kx} \quad (A\text{ は任意定数})$$

が得られる.◆

§14. 微分方程式

注意 形式的な変形 $dy = \dfrac{dy}{dx} dx$ および $\dfrac{1}{g(y)} dy = \dfrac{1}{g(y)} \dfrac{dy}{dx} dx = f(x) dx$ を行い，2番目の式の左辺と右辺をそれぞれ積分すれば解を求めることができる．形式的であるが扱い易い方法である．数学的には意味をもつものであるが，説明を省く．

問 14.2 次の微分方程式を解け．
（1） $y' = 2x$ （2） $y' = \cos 3x - \sin x$ （3） $yy' = x$
（4） $y' = 2xy$ （5） $1 - y' = y^2$

1階線形微分方程式

$p(x)$，$q(x)$ を x の関数とするとき，
$$y' + p(x) y = q(x)$$
は**1階線形微分方程式**と呼ばれる．特に，右辺が 0 である方程式
$$y' + p(x) y = 0$$
は同次線形微分方程式と呼ばれる．この微分方程式は変数分離形であり，
$$y = C e^{-\int p(x) dx} \quad （Cは任意定数）$$
なる一般解が得られる．

次に，C を x の関数 $c(x)$ と置き換えて，
$$y = c(x) e^{-\int p(x) dx}$$
が微分方程式 $y' + p(x) y = q(x)$ の解になる条件を調べよう．
$$y' = c'(x) e^{-\int p(x) dx} - c(x) p(x) e^{-\int p(x) dx}$$
より $y' + p(x) y = c'(x) e^{-\int p(x) dx}$．したがって，$c'(x) e^{-\int p(x) dx} = q(x)$ であればよい．これより
$$c(x) = \int e^{\int p(x) dx} q(x) \, dx + C \quad （Cは任意定数）$$
となる．まとめると，

定理 14.1 1階線形微分方程式 $y' + p(x) y = q(x)$ の一般解は
$$y = e^{-\int p(x) dx} \int e^{\int p(x) dx} q(x) \, dx + C e^{-\int p(x) dx} \quad （Cは任意定数）. \quad \diamondsuit$$

以上のように，任意定数 C を関数 $c(x)$ と置き換えて微分方程式を解く方法を**定数変化法**という．

注意 （1） 同次線形微分方程式 $y' + p(x)y = 0$ の解を $y = \varphi(x)$ とする．ただし，$\varphi(x) \neq 0$ とする（例えば，$\varphi(x) = e^{-\int p(x)dx}$ を考えればよい）．このとき，任意定数 C に対して $y(x) = C\varphi(x)$ は同じ微分方程式の解である．また，$y(x)$ を同じ微分方程式の任意の解とすれば，

$$\frac{d}{dx}\left(\frac{y(x)}{\varphi(x)}\right) = \frac{y'\varphi - y\varphi'}{\varphi^2}$$

$$= \frac{(-p(x)y)\varphi - y(-p(x)\varphi)}{\varphi^2} = 0$$

より，$\frac{y(x)}{\varphi(x)}$ は定数 C となる．すなわち，$y(x)$ は $C\varphi(x)$ として表され，同次線形微分方程式は特異解をもたないことがわかる．

（2） 線形微分方程式 $y' + p(x)y = q(x)$ の解を $\psi(x)$ とする．このとき，任意の解 $y(x)$ は同次線形微分方程式の解 $C\varphi(x)$ と $\psi(x)$ の和で表される．実際，$z(x) = y(x) - \psi(x)$ とおけば，

$$z'(x) = y'(x) - \psi'(x)$$
$$= \{q(x) - p(x)y(x)\} - \{q(x) - p(x)\psi(x)\}$$
$$= -p(x)\{y(x) - \psi(x)\}$$
$$= -p(x)z(x).$$

よって，(1) より $z(x) = C\varphi(x)$ となり結論が得られる．

問 14.3 次の微分方程式を定数変化法を用いて解け．
（1） $y' = y + x$ （2） $y' = 2xy + x$

関数の一次独立

関数 $y_1(x), y_2(x)$ が**一次独立**であるとは，定数 A, B に対して
$$Ay_1(x) + By_2(x) = 0$$
が恒等的に成り立つならば $A = B = 0$ となるときをいう．一次独立でないとき，**一次従属**であるという．すなわち，一方が他方の定数倍で書き表せるとき，一次従属であるという．

例 14.2 $\sin x, \cos x$ は一次独立である．実際，$A\sin x + B\cos x = 0$ とすると，両辺を x で微分すれば $A\cos x - B\sin x = 0$ となりこれらを解くと $A = B = 0$ がわかる．◆

問 14.4 次の関数の一次独立性を確かめよ．ただし a, b は定数とする．
 (1) x, x^2 (2) e^{ax}, e^{bx} ($a \neq b$) (3) e^{ax}, xe^{ax}

定数係数 2 階線形微分方程式

$p(x), q(x), r(x)$ を x の関数とするとき，
$$y'' + p(x)y' + q(x)y = r(x)$$
は **2 階線形微分方程式** と呼ばれる．右辺が 0 である方程式
$$y'' + p(x)y' + q(x)y = 0$$
は同次線形微分方程式と呼ばれる．

また $p(x), q(x)$ が定数 p, q である 2 階線形微分方程式
$$y'' + py' + qy = r(x)$$
は **定数係数 2 階線形微分方程式** と呼ばれる．

注意 一般に，2 階線形微分方程式の同次線形微分方程式は，一次独立な解 $y_1(x)$, $y_2(x)$ をもち，その一般解 $y(x)$ は任意定数 C_1, C_2 を用いて
$$y(x) = C_1 y_1(x) + C_2 y_2(x)$$
と表される．また，2 階線形微分方程式の 1 つの特殊解を $y_0(x)$ とすると，2 階線形微分方程式の一般解は，同次線形微分方程式の一般解 $C_1 y_1(x) + C_2 y_2(x)$ と特殊解 $y_0(x)$ の和で表される．これは，前ページの注意 (2) と同様に示される．

以下では，定数係数 2 階線形微分方程式の解き方を示す．まず，同次線形微分方程式 $y'' + py' + qy = 0$ の解を求めよう．関数 $y(x) = e^{\lambda x}$ を左辺に代入すると，
$$y'' + py' + qy = (\lambda^2 + p\lambda + q)e^{\lambda x}$$
より，λ が 2 次方程式（**特性方程式** と呼ばれる）
$$\lambda^2 + p\lambda + q = 0$$

の解であれば，$e^{\lambda x}$ は微分方程式の解になり，次の3つの場合が考えられる．

（1） 異なる2実数解 α, β をもつとき：$e^{\alpha x}, e^{\beta x}$ が解であり，問 14.4 より一次独立である．したがって，微分方程式の一般解 $y(x)$ は
$$y(x) = C_1 e^{\alpha x} + C_2 e^{\beta x} \quad (C_1, C_2 \text{ は任意定数})$$
と表される．

（2） 重解 α（$p = -2\alpha$）をもつとき：$e^{\alpha x}$ は解であり，$z = xe^{\alpha x}$ も解となる．実際，$z'' + pz' + qz$ を計算すると，仮定より
$$(\alpha^2 + p\alpha + q)xe^{\alpha x} + (2\alpha + p)e^{\alpha x} = 0$$
となる．$e^{\alpha x}, xe^{\alpha x}$ は，問 14.4 より一次独立である．したがって，微分方程式の一般解 $y(x)$ は
$$y(x) = C_1 e^{\alpha x} + C_2 x e^{\alpha x} \quad (C_1, C_2 \text{ は任意定数})$$
と表される．

（3） 異なる2虚数解 $\alpha \pm \beta i$（α, β は実数，i は虚数単位）をもつとき：直接計算により，
$$e^{\alpha x} \sin \beta x, \quad e^{\alpha x} \cos \beta x$$
はそれぞれ微分方程式の解であり，問 14.4 と同様にして一次独立であることがわかる．したがって，微分方程式の一般解 $y(x)$ は
$$y(x) = C_1 e^{\alpha x} \sin \beta x + C_2 e^{\alpha x} \cos \beta x \quad (C_1, C_2 \text{ は任意定数})$$
と表される．

これらは，ばねの運動や電気回路などに現れる微分方程式の解き方を示している．

問 14.5 次の微分方程式を解け．
（1） $y'' + y' - 2y = 0$ （2） $y'' - 2y' + y = 0$
（3） $y'' - 2y' + 5y = 0$

次に，一般の定数係数2階線形微分方程式の解について調べる．2階線形微分方程式に関する前ページの注意で述べたように，特殊解を見つければよ

§14. 微分方程式

い．ここでは，$r(x)$ ($\neq 0$) が

(**1**) 多項式，(**2**) 三角関数，および (**3**) 指数関数

である場合について述べる．

(**1**) $r(x)$ が x の n 次多項式のとき：$y(x)$ を高々 n 次の多項式
$$a_0 x^n + a_1 x^{n-1} + \cdots + a_{n-1} x + a_n \quad (a_0, \cdots, a_n \text{ は定数})$$
とおき，微分方程式に代入して a_i ($i = 0, 1, \cdots, n$) を求めればよい．

(**2**) $r(x) = A \sin kx + B \cos kx$ (A, B, k は定数) のとき：
$$y(x) = C \sin kx + D \cos kx \quad (C, D \text{ は定数})$$
として微分方程式に代入して C, D を求めればよい．

(**3**) $r(x) = A e^{ax}$ (A は定数) のとき：次のような $y(x)$ を微分方程式に代入して定数 C を求める．

・a が特性方程式の解でない場合は，
$$y(x) = C e^{ax} \quad (C \text{ は定数}).$$

・a が特性方程式の 2 重解と一致する場合は，
$$y(x) = C x^2 e^{ax} \quad (C \text{ は定数}).$$

・a が特性方程式の異なる 2 解の一方と一致する場合は，
$$y(x) = C x e^{ax} \quad (C \text{ は定数}).$$

また，問 14.6 (4) のように，$r(x)$ が (**1**) ～ (**3**) までの関数の和で表されるときは，対応する特殊解の和が求めるものである．

問 14.6 次の微分方程式の特殊解を求めよ．

(1) $y'' - y' - 2y = x^2$ (2) $y'' - 4y' + 4y = e^x$

(3) $y'' - 2y' = \cos x$ (4) $y'' - 2y' - 3y = -x + 3e^{2x}$

練習問題 14

1. 次の微分方程式を解け．

(1) $y' = e^{-5x} + \dfrac{1}{x}$ (2) $y' = \dfrac{1}{1+x^2}$

(3)　$yy' = \dfrac{1}{x}$　　　　　　　(4)　$xy' = y$

2. 括弧内の置き換えを用いて次の微分方程式を解け．
(1)　$y' = x - y + 2$　　$(z = x - y)$　　(2)　$xy'' = y'$　　$(z = y')$
(3)　$y' = \dfrac{y}{x} + 1$　　$(y = xz)$

3. 次の微分方程式を定数変化法を用いて解け．
(1)　$y' = y - 1$　　　　　　(2)　$xy' - y = 1$

4. 次の微分方程式を解け．
(1)　$y'' + 3y' + 2y = 0$　　　(2)　$y'' + 2y' + y = 0$
(3)　$y'' + 2y' + 2y = 2e^x$

補 充 問 題

§1

1.1 次の数列 $\{a_n\}$ の極限値 $\lim_{n\to\infty} a_n$ を求めよ.

(1) $a_n = \dfrac{n^2+3}{n}$ (2) $a_n = \dfrac{\sqrt{n}}{n+\sqrt{n}}$

(3) $a_n = \dfrac{3^{n+2}+2^n}{3^n}$ (4) $a_n = \dfrac{\sqrt{n^2+1}-\sqrt{n}}{n}$

(5) $a_n = \dfrac{3n+5}{\sqrt{n}}\cdot\dfrac{2\sqrt{n}+3}{n}$ (6) $a_n = \sqrt{n^2+4n}-\sqrt{n^2+1}$

(7) $a_n = \dfrac{1+2+\cdots+n}{n^2}$

1.2 次の数列 $\{a_n\}$ の第 n 部分和 S_n を求めよ.

(1) $a_n = n^2$ (2) $a_n = n^3$

(3) $a_n = \dfrac{2n+1}{n^2(n+1)^2}$ (4) $a_n = \dfrac{n}{(n+1)!}$

1.3 不等式 $\dfrac{1}{n^2} \leqq \dfrac{1}{n(n-1)}$ （$n \geqq 2$）を利用して級数 $\displaystyle\sum_{n=1}^{\infty}\dfrac{1}{n^2}$ が収束することを示せ.

1.4 次の極限値を求めよ.

(1) $\displaystyle\lim_{x\to\infty}\dfrac{6x+5}{x^2+x}$ (2) $\displaystyle\lim_{x\to\infty}\dfrac{x-\sqrt{x}}{x+\sqrt{x}}$

(3) $\displaystyle\lim_{x\to 0}\dfrac{x^3+x^2}{|x|}$ (4) $\displaystyle\lim_{x\to\infty}(\sqrt{x^2+2x}-\sqrt{x^2-2x})$

(5) $\displaystyle\lim_{x\to -1}\dfrac{x^2+3x+2}{x^2-2x-3}$

1.5 等式 $\displaystyle\lim_{x\to -1}\dfrac{x^2+ax+b}{x^2-1}=3$ が成立するとき，定数 a, b を求めよ.

1.6 次の関数に対して $f(+0)$ および $f(-0)$ を求めよ.

$$f(x) = \begin{cases} \dfrac{x}{|x|^3} & (x \neq 0), \\ 0 & (x = 0). \end{cases}$$

§2

2.1 関数 $f(x)$ を次で定める.
$$f(x) = \begin{cases} x^2 + ax + b & (x > 2), \\ c & (x = 2), \\ \dfrac{27}{\sqrt{x^2+5}} & (x < 2). \end{cases}$$
$f(x)$ が微分可能となるように定数 a, b, c を定めよ.

2.2 すべての x について $f(-x) = f(x)$ を満たす関数 $f(x)$ を偶関数という. すべての x について $f(-x) = -f(x)$ を満たす関数 $f(x)$ を奇関数という. 微分可能な関数について次が成り立つことを証明せよ.
  （1） 偶関数の導関数は奇関数である.
  （2） 奇関数の導関数は偶関数である.

2.3 次の単調関数 $f(x)$ の逆関数 $f^{-1}(x)$ とその定義域を求めよ. さらに, $f^{-1}(x)$ の導関数を直接計算することにより $(f^{-1}(x))'$ が $\dfrac{1}{f'(f^{-1}(x))}$ に一致することを確かめよ.
  （1） $f(x) = 2x + 1 \quad (1 < x < 4)$
  （2） $f(x) = x^2 - x + 2 \quad (1 < x < 3)$
  （3） $f(x) = x^2 - x + 2 \quad (-5 < x < -1)$

§3

3.1 次の関数の導関数を求めよ.
  （1） $x \sin x$ （2） $x \cos x$
  （3） $x \tan x$ （4） $x^2 \sin \dfrac{1}{x}$
  （5） $x^2 \cos \dfrac{1}{x}$ （6） $x^2 \tan \dfrac{1}{x}$

3.2 次の関数の導関数を求めよ.
  （1） $\sin x + \operatorname{cosec} x$ （2） $\cos x + \sec x$ （3） $\tan x + \cot x$

補 充 問 題

3.3 導関数を用いて次の不等式を証明せよ．
 (1) $x < \arcsin x \quad (0 < x < 1)$
 (2) $x > \arctan x \quad (x > 0)$

3.4 $\arcsin x + \arccos x = \dfrac{\pi}{2} \; (0 \leqq x \leqq 1)$ が成り立つことを示せ．

§4

4.1 導関数を用いて次の不等式を証明せよ．
 (1) $x > \log(1+x) \quad (x > 0)$ 　　(2) $e^x > 1 + x \quad (x > 0)$

4.2 次の関数の導関数を求めよ．
 (1) $f(x) = \log(\cosh x)$ 　　(2) $g(x) = \sinh^{-1}(\sqrt{x^2-1}) \quad (x > 1)$

§5

5.1 次の極限値の計算は正しいか，もし正しくないならばどこが誤りか．
$$\lim_{x \to 2} \frac{2x^3 - x - 6}{3x^2 - 2x - 5} = \lim_{x \to 2} \frac{6x^2 - 1}{6x - 2} = \lim_{x \to 2} \frac{12x}{6} = \lim_{x \to 2} 2x = 4$$

5.2 次の極限値を求めよ．
 (1) $\displaystyle\lim_{x \to -1} \frac{x^5 - x}{x^2 - 3x - 4}$ 　　(2) $\displaystyle\lim_{x \to 0} \frac{3x^4 - 9x^3 + 6x}{x^3 + 2x^2 + x}$
 (3) $\displaystyle\lim_{x \to \infty} \frac{5x^3 + 2x + 40}{2x^3 - 1}$ 　　(4) $\displaystyle\lim_{x \to 0+0} \frac{x}{\sqrt{x}}$
 (5) $\displaystyle\lim_{x \to 1} \frac{\sqrt{x} - 1}{x - 1}$ 　　(6) $\displaystyle\lim_{x \to 0} \frac{\sqrt{1+x} - \sqrt{1-x}}{x}$
 (7) $\displaystyle\lim_{x \to 1} \frac{\sqrt{2-x} - \sqrt{x}}{x^2 - 1}$ 　　(8) $\displaystyle\lim_{x \to 0} \frac{\sqrt{1+x+x^2} + 2x - 1}{x}$
 (9) $\displaystyle\lim_{x \to 2} \frac{\sqrt{x+2} - \sqrt{3x-2}}{\sqrt{5x-1} - \sqrt{4x+1}}$ 　　(10) $\displaystyle\lim_{x \to 0} \frac{\sqrt{4+x+x^2} - 2}{\sqrt{1+x} - \sqrt{1-x}}$
 (11) $\displaystyle\lim_{x \to a} \frac{\sqrt[3]{x} - \sqrt[3]{a}}{x - a}$ 　　(12) $\displaystyle\lim_{x \to 1} \frac{\sqrt[n]{x^k} - 1}{x - 1}$
 (13) $\displaystyle\lim_{x \to \infty} \frac{\sqrt{x^3}}{x^2 + x + 1}$

5.3 次の極限値をロピタルの定理などを用いて求めよ．

(1) $\displaystyle\lim_{x\to 0}\frac{1-\cos x}{x^2}$ (2) $\displaystyle\lim_{x\to 0}\frac{e^x+e^{-x}-2}{x^2}$

(3) $\displaystyle\lim_{x\to 0}\frac{\log(1+x)}{x}$ (4) $\displaystyle\lim_{x\to\infty}\frac{e^x}{x^n}$ （n：自然数）

(5) $\displaystyle\lim_{x\to 0}\frac{\arcsin x}{x}$ (6) $\displaystyle\lim_{x\to 0}\frac{e^x-1-x}{x^2}$

(7) $\displaystyle\lim_{x\to 1}\frac{\log x}{x-1}$ (8) $\displaystyle\lim_{x\to\infty}(e^x\log x-x^2)$

(9) $\displaystyle\lim_{x\to 0}\left(\frac{1}{\sin^2 x}-\frac{1}{x^2}\right)$ (10) $\displaystyle\lim_{x\to 1}\left(\frac{1}{\log x}-\frac{1}{x-1}\right)$

(11) $\displaystyle\lim_{x\to +0}(e^x-1)^x$ (12) $\displaystyle\lim_{x\to +0}\left(\frac{\sin x}{x}\right)^{\frac{1}{x}}$

(13) $\displaystyle\lim_{x\to +0}x^a\log x$ （$a>0$） (14) $\displaystyle\lim_{x\to +0}\log x\cdot\log(1+x)$

5.4 次の関数の増減および極値を調べ，そのグラフの概形を描け．

(1) $(x-a)^2(x-b)^2$ （$a>b>0$）

(2) e^{-x^2} (3) $\dfrac{x+1}{x^2+1}$

(4) $x-\sqrt{1+x}$ (5) $\dfrac{3x+2}{1-x}$

(6) $\sinh x$ (7) $x\log x$

§6

6.1 次の関数 y の n 次導関数 $y^{(n)}$ を求めよ．

(1) $y=\sqrt{x}$ (2) $y=\log|2x+3|$

6.2 ライプニッツの公式を用いて，次の関数 y の n 次導関数 $y^{(n)}$ を求めよ．

(1) $y=x^3\cos x$ (2) $y=e^x\sin x$

6.3 マクローリンの定理によって，

$$e^x=1+x+\frac{1}{2!}x^2+\cdots+\frac{1}{n!}x^n+\frac{x^{n+1}}{(n+1)!}e^{\theta_n x} \quad (0<\theta_n<1)$$

と表すとき，$\displaystyle\lim_{x\to 0}\theta_n=\frac{1}{n+2}$ であることを示せ．

6.4 次の関数 $f(x)$ をマクローリン展開せよ．また，展開可能な範囲を求めよ．
 (1)　$f(x) = 2^x$　　　　　　　　(2)　$f(x) = \sin^2 x$

§ 7

7.1 括弧内の関数 $f(x)$ が区間 $[0,1]$ で積分可能であることに注意し，区分求積法を用いて指定された極限を求めよ：

 (1)　$\displaystyle\lim_{n\to\infty} \frac{1}{n\sqrt{n}}\left(\sqrt{1}+\sqrt{2}+\cdots+\sqrt{n}\right)$　　　　$(f(x)=\sqrt{x})$

 (2)　$\displaystyle\lim_{n\to\infty} \frac{1}{\sqrt{n}}\left(\frac{1}{\sqrt{n+1}}+\frac{1}{\sqrt{n+2}}+\cdots+\frac{1}{\sqrt{n+n}}\right)$
$$\left(f(x)=\frac{1}{\sqrt{1+x}}\right)$$

 (3)　$\displaystyle\lim_{n\to\infty} n\left(\frac{1}{(n+1)^2}+\frac{1}{(n+2)^2}+\cdots+\frac{1}{(n+n)^2}\right)$
$$\left(f(x)=\frac{1}{(1+x)^2}\right)$$

 (4)　$\displaystyle\lim_{n\to\infty}\left(\frac{1}{n+1}+\frac{1}{n+2}+\cdots+\frac{1}{n+n}\right)$　　$\left(f(x)=\dfrac{1}{1+x}\right)$

7.2 次の不等式を示せ．
 (1)　$-\log 2 < \displaystyle\int_0^1 \frac{\cos 2x}{x+1}\,dx < \log 2$
 (2)　$\dfrac{\pi}{4} < \displaystyle\int_0^1 \sqrt{1-x^4}\,dx < \dfrac{\pi}{2\sqrt{2}}$
 (3)　$\dfrac{1}{2(n+1)} < \displaystyle\int_0^{\frac{\pi}{4}} \tan^n x\,dx < \dfrac{1}{2(n-1)}$
$$（ただし，n(>1) は自然数）$$

§ 8

8.1 次の漸化式を導け．
 (1)　$I_n = \displaystyle\int \sin^n x\,dx$ のとき
$$I_n = -\frac{1}{n}\sin^{n-1} x \cos x + \frac{n-1}{n} I_{n-2} \quad (n=2,3,4,\cdots)$$

(2) $I_n = \int \cos^n x \, dx$ のとき

$$I_n = \frac{1}{n} \sin x \cos^{n-1} x + \frac{n-1}{n} I_{n-2} \quad (n = 2, 3, 4, \cdots)$$

　(3) $I_n = \int \tan^n x \, dx$ のとき

$$I_n = \frac{1}{n-1} \tan^{n-1} x - I_{n-2} \quad (n = 2, 3, 4, \cdots)$$

8.2 次の関数を積分せよ．

　(1) $\sin^3 x$ 　　　　(2) $\cos^3 x$ 　　　　(3) $\tan^3 x$

8.3 次の公式を証明せよ．

$$\int \frac{x}{(x^2 + a^2)^n} \, dx = \begin{cases} \dfrac{1}{2} \log(x^2 + a^2) + C & (n = 1), \\[2mm] \dfrac{-1}{2(n-1)(x^2 + a^2)^{n-1}} + C & (n = 2, 3, 4, \cdots) \end{cases}$$

8.4 $I_n = \int \dfrac{1}{(x^2 + a^2)^n} \, dx \ (a > 0)$ とするとき，次の漸化式を導け．

$$I_n = \frac{1}{2(n-1)a^2} \left\{ \frac{x}{(x^2 + a^2)^{n-1}} + (2n-3) I_{n-1} \right\} \quad (n \geq 2)$$

8.5 次の関数を積分せよ．

　(1) $\dfrac{x}{(x^2 + 6)^3}$ 　　(2) $\dfrac{x}{(x^2 + 2)^4}$ 　　(3) $\dfrac{1}{(x^2 + 5)^2}$

8.6 $\tan x = t$ とおいて，次の関数を積分せよ．

　(1) $\dfrac{1}{\cos^4 x}$ 　　　　　　　　(2) $\dfrac{4 \tan x}{1 + \cos^2 x}$

8.7 $\tan \dfrac{x}{2} = t$ とおいて，次の関数を積分せよ．

　(1) $\dfrac{1}{\sin x}$ 　　　　　　　　(2) $\dfrac{1}{\cos x}$

§9

9.1 次のグラフ $y = f(x)$ を x 軸の周りに回転させた回転体の体積を求めよ．

　(1) $y = x^2 \quad (0 \leq x \leq 1)$ 　　(2) $y = x^3 \quad (0 \leq x \leq 1)$

　(3) $y = \sqrt{x} \quad (0 \leq x \leq 1)$ 　　(4) $y = \dfrac{1}{x} \quad (1 \leq x \leq 2)$

(5) $y = \cosh x$ $(0 \leqq x \leqq a)$ (6) $y = \tan x$ $\left(0 \leqq x \leqq \dfrac{\pi}{4}\right)$

9.2 次の曲線で囲まれた図形を x 軸の周りに回転させた回転体の体積を求めよ．

(1) $x^2 + (y-3)^2 = 1$ (2) $\dfrac{x^2}{9} + \dfrac{y^2}{4} = 1$

(3) $\dfrac{x^2}{9} + \dfrac{(y-3)^2}{4} = 1$ (4) $\sqrt{x} + \sqrt{y} = 1$, x 軸, y 軸

(5) $x^{\frac{2}{3}} + y^{\frac{2}{3}} = a^{\frac{2}{3}}$ ($a > 0$)

9.3 次の曲線の長さを求めよ ($a > 0$)．

(1) アステロイド：$x = a\cos^3\theta$, $y = a\sin^3\theta$ ($0 \leqq \theta \leqq 2\pi$)

(2) $x = 2t$, $y = t^2$ ($0 \leqq t \leqq 1$)

(3) $y = \sqrt{x^3}$ ($0 \leqq x \leqq 5$)

(4) $x = 3t^2$, $y = 3t - t^3$ ($0 \leqq t \leqq 1$)

9.4 次の曲線で囲まれた図形の面積を求めよ ($a, b > 0$)．

(1) サイクロイド：$x = a(\theta - \sin\theta)$, $y = a(1 - \cos\theta)$ と x 軸

(2) $x = 3t^2$, $y = 3t - t^3$ ($-\sqrt{3} \leqq t \leqq \sqrt{3}$)

(3) アステロイド：$x = a\cos^3\theta$, $y = a\sin^3\theta$

(4) $\dfrac{x^2}{a^2} + \dfrac{y^2}{b^2} = 1$

(5) $\sqrt{x} + \sqrt{y} = 1$, x 軸, y 軸

(6) $y = \sin x$, $y = \sin 2x$ ($0 \leqq x \leqq \pi$)

§10

10.1 次の広義積分を求めよ．

(1) $\displaystyle\int_0^1 \sqrt{\dfrac{x}{1-x}}\, dx$ (2) $\displaystyle\int_a^b \dfrac{dx}{\sqrt{x-a}\sqrt{b-x}}$ ($a < b$)

10.2 次の各問に答えよ．

(1) $B\left(\dfrac{1}{2}, \dfrac{1}{2}\right)$ を求めよ．

(2) $t = \sqrt{x}$ とおくことにより次の式を示せ．
$$\dfrac{1}{2}\Gamma\left(\dfrac{1}{2}\right) = \int_0^\infty e^{-t^2}\, dt$$

（3） $p > 0$, $q > 0$ に対して $B(p, q) = \dfrac{\Gamma(p)\,\Gamma(q)}{\Gamma(p+q)}$ が成り立つ．この式と (1), (2) を用いて，次の式を示せ．
$$\int_0^\infty e^{-x^2}\,dx = \frac{\sqrt{\pi}}{2}$$

§11

11.1 定積分 $\displaystyle\int_0^1 \sqrt{1+x^3}\,dx$ の近似値を $n = 5$ としてシンプソンの公式を用いて求めよ．さらに誤差を調べよ．（平方根の計算ができる電卓などを用いよ）

11.2 定積分 $\displaystyle\int_0^1 e^{-\frac{x^2}{2}}\,dx$ の近似値を $n = 5$ としてシンプソンの公式を用いて求めよ．さらに誤差を調べよ．（指数関数の計算ができる関数電卓などを用いよ）

11.3 次の問に答えよ．
（1） $f(x) = \dfrac{x^2}{e^x + 1}$ とするとき，$f(x) + f(-x)$ を計算せよ．
（2） $I = \displaystyle\int_{-1}^1 f(x)\,dx$ とおくと，$I = \displaystyle\int_{-1}^1 f(-x)\,dx$ であることを示せ．
（3） (1), (2) を用いて I の値を求めよ．
（4） I に対するシンプソンの公式を S_n とすると，等式 $S_n = I$ が成り立つことを説明せよ．

§12

12.1 次の級数の収束・発散を調べよ．ただし，$a > 0$ であり，k は自然数である．

（1） $\displaystyle\sum_{n=1}^\infty \log\!\left(1 + \frac{1}{n}\right)$ （2） $\displaystyle\sum_{n=1}^\infty \frac{2n-1}{2n}$

（3） $\displaystyle\sum_{n=1}^\infty \frac{n^k}{(n+1)!}$ （4） $\displaystyle\sum_{n=2}^\infty \frac{1}{n \log n}$

（5） $\displaystyle\sum_{n=1}^\infty \frac{2^n}{n}$ （6） $\displaystyle\sum_{n=1}^\infty \frac{n^4}{n!}$

（7） $\displaystyle\sum_{n=1}^\infty \frac{n}{a^n}$ （8） $\displaystyle\sum_{n=1}^\infty \left(\frac{n}{n+1}\right)^n$

(9) $\displaystyle\sum_{n=1}^{\infty}\frac{1}{(\log(n+1))^n}$ (10) $\displaystyle\sum_{n=1}^{\infty}\left(1+\frac{1}{n}\right)^{n^2}$

(11) $\displaystyle\sum_{n=1}^{\infty}\frac{n^3+1}{n^5+1}$ (12) $\displaystyle\sum_{n=1}^{\infty}\frac{\log n}{n^2+2}$

12.2 次の整級数の収束半径を求めよ．ただし a, p は実数で，$a > 0$ である．

(1) $\displaystyle\sum_{n=1}^{\infty}\frac{x^n}{n!}$ (2) $\displaystyle\sum_{n=1}^{\infty}(-1)^{n-1}\frac{x^n}{n}$

(3) $\displaystyle\sum_{n=1}^{\infty}\left(\frac{n+1}{2n+3}\right)^n x^n$ (4) $\displaystyle\sum_{n=1}^{\infty}\frac{x^n}{a^n}$

(5) $\displaystyle\sum_{n=1}^{\infty}\frac{x^n}{n2^n}$ (6) $\displaystyle\sum_{n=1}^{\infty}\frac{2n-1}{3n+2}x^n$

(7) $\displaystyle\sum_{n=1}^{\infty}n^p x^n$ (8) $\displaystyle\sum_{n=1}^{\infty}\frac{n!}{(n+1)^n}x^n$

(9) $\displaystyle\sum_{n=1}^{\infty}(\sqrt{n+1}-\sqrt{n})x^n$

12.3 次の級数の収束・発散を調べよ．収束する場合は条件収束か絶対収束かも調べよ．

(1) $\displaystyle\sum_{n=1}^{\infty}(-1)^{n-1}\frac{n}{n^2+1}$ (2) $\displaystyle\sum_{n=1}^{\infty}(-1)^{n-1}\frac{1}{2n^2-1}$

(3) $\displaystyle\sum_{n=1}^{\infty}(-1)^{n-1}\frac{1}{\sqrt{n}}$ (4) $\displaystyle\sum_{n=1}^{\infty}(-1)^{n-1}\frac{\log n}{3n+1}$

12.4 $|x|<1$ で

$$\frac{1}{1-x}=1+x+x^2+\cdots=\sum_{n=0}^{\infty}x^n$$

が成り立つことを用いて，次の等式が（ ）内の x の範囲で成り立つことを示せ．

(1) $\displaystyle\sum_{n=0}^{\infty}\frac{x^{2n+1}}{2n+1}=\frac{1}{2}\log\frac{1+x}{1-x}$ ($|x|<1$)

(2) $\arctan x = \displaystyle\sum_{n=0}^{\infty}(-1)^n\frac{1}{2n+1}x^{2n+1}$ ($|x|<1$)

12.5 (1) $x \neq -1$ のとき，次式が成り立つことを示せ．

$$\frac{1}{1+x}=\sum_{k=1}^{n}(-1)^{k-1}x^{k-1}+\frac{(-1)^n x^n}{1+x}$$

(2) (1)の式を 0 から 1 まで積分することによって

$$\log 2 = \sum_{k=1}^{n}(-1)^{k-1}\frac{1}{k}+R_n$$

となることを示せ．ただし，$R_n = \displaystyle\int_0^1 \frac{(-1)^n x^n}{1+x}\,dx$ である．

(3) $R_n \to 0$ ($n \to \infty$) であることを示し，

$$\log 2 = \sum_{k=1}^{\infty} (-1)^{k-1} \frac{1}{k}$$

を証明せよ．

§13

13.1 $f(x) = |x|$（$-\pi \leqq x < \pi$）を $f(x+2\pi) = f(x)$ により $\mathbf{R}$ 上に拡張した周期 2π の関数 $f(x)$ のフーリエ級数を求めよ．

13.2 関数
$$f(x) = x^2 \quad (-\pi \leqq x < \pi)$$
を $f(x+2\pi) = f(x)$ により $\mathbf{R}$ 上に拡張した周期 2π の関数 $f(x)$ のフーリエ級数を求めよ．さらに，これを用いて，
$$1 - \frac{1}{2^2} + \frac{1}{3^2} - \frac{1}{4^2} + \cdots = \frac{\pi^2}{12}$$
が成立することを示せ．

13.3 $f(x)$ を周期 2π の $\mathbf{R}$ 上の連続関数とし，そのフーリエ級数の部分和を $S_n(x)$ とおくとき，
$$\int_{-\pi}^{\pi} \{f(x) - S_n(x)\} S_n(x) \, dx = 0$$
が成立することを示せ．

13.4 $f(x)$ を周期 2π の $\mathbf{R}$ 上の連続関数とし，そのフーリエ級数の部分和を $S_n(x)$ とおく．このとき，任意の実数 α_k（$k = 0, 1, 2, \cdots, n$），β_k（$k = 1, 2, \cdots, n$）に対し，
$$\int_{-\pi}^{\pi} |f(x) - S_n(x)|^2 \, dx$$
$$\leqq \int_{-\pi}^{\pi} \left| f(x) - \left\{ \frac{\alpha_0}{2} + \sum_{k=1}^{n} (\alpha_k \cos kx + \beta_k \sin kx) \right\} \right|^2 dx$$
が成り立つことを示せ．さらに，このことと定理 13.2 を利用して
$$\lim_{n \to \infty} \int_{-\pi}^{\pi} |f(x) - S_n(x)|^2 \, dx = 0$$
が成り立つことを示せ．

補充問題

13.5 (1) $f(x)$ を周期 2π の **R** 上の連続関数とする．そのフーリエ級数の部分和を $S_n(x)$ とし，フーリエ係数を $a_0, a_1, a_2, \cdots, b_1, b_2, \cdots$ とする．このとき

$$\frac{1}{\pi}\int_{-\pi}^{\pi}f(x)^2\,dx = \frac{a_0^2}{2} + \sum_{n=1}^{\infty}(a_n^2 + b_n^2)$$

が成立することを示せ．この等式は**パーセバルの等式**といわれている．

(2) (1) と例題 13.2 の関数を利用して

$$1 + \frac{1}{3^2} + \frac{1}{5^2} + \cdots + \frac{1}{(2n-1)^2} + \cdots\cdots = \frac{\pi^2}{8}$$

が成り立つことを示せ．

§14

14.1 次の微分方程式を解け．

(1) $y' = xy^2$ (2) $y' = x\sqrt{y}$
(3) $y = xy' - e^{y'}$

14.2 括弧内の置き換えを用いて次の微分方程式を解け．

(1) $\dfrac{dy}{dx} = (x+y)^2$ $(z = x + y)$
(2) $y' = \dfrac{y}{x} + \dfrac{x}{y}$ $(y = xz)$

14.3 次の微分方程式を定数変化法を用いて解け．

(1) $y' - y = \sin x$ (2) $y' + xy = e^{-\frac{1}{2}x^2}$
(3) $xy' + y = x^2$

14.4 次の微分方程式を解け．

(1) $y'' - 3y' + 2y = \sin 2x$ (2) $y'' - 4y' + 4y = e^{2x}$
(3) $y'' + 2y' + 5y = x$ (4) $y'' - 4y' + 5y = \cos x + x^2$

付　録

付録 1　導関数表

$f(x)$	$f'(x)$	$f(x)$	$f'(x)$
x^n （ n は整数 ）	nx^{n-1}	$x^a \begin{pmatrix} x>0, \\ a \text{ は実数} \end{pmatrix}$	ax^{a-1}
$\sin x$	$\cos x$	e^x	e^x
$\cos x$	$-\sin x$	a^x （ $a>0$ ）	$a^x \log a$
$\tan x$	$\begin{cases} \dfrac{1}{\cos^2 x} \\ 1+\tan^2 x \end{cases}$	$\log |x|$	$\dfrac{1}{x}$
$\operatorname{cosec} x$	$-\dfrac{\cos x}{\sin^2 x}$	$\log_a |x| \begin{pmatrix} a>0, \\ a \neq 1 \end{pmatrix}$	$\dfrac{1}{x \log a}$
$\sec x$	$\dfrac{\sin x}{\cos^2 x}$	$\sinh x$	$\cosh x$
$\cot x$	$-\dfrac{1}{\sin^2 x}$	$\cosh x$	$\sinh x$
$\arcsin x$	$\dfrac{1}{\sqrt{1-x^2}}$	$\tanh x$	$\begin{cases} \dfrac{1}{\cosh^2 x} \\ 1-\tanh^2 x \end{cases}$
$\arccos x$	$\dfrac{-1}{\sqrt{1-x^2}}$		
$\arctan x$	$\dfrac{1}{1+x^2}$		

付録2　原始関数表

$f(x) = F'(x)$	$F(x) = \int f(x)\, dx$
$x^a \quad (a \neq -1)$	$\dfrac{x^{a+1}}{a+1}$
$\dfrac{1}{x}$	$\log |x|$
$a^x \quad (a > 0,\ a \neq 1)$	$\dfrac{a^x}{\log a}$
$\dfrac{1}{x^2 + a^2} \quad (a \neq 0)$	$\dfrac{1}{a} \arctan \dfrac{x}{a}$
$\dfrac{1}{x^2 - a^2} \quad (a \neq 0)$	$\dfrac{1}{2a} \log \left| \dfrac{x-a}{x+a} \right|$
$\dfrac{1}{\sqrt{a^2 - x^2}} \quad (a \neq 0)$	$\arcsin \dfrac{x}{|a|} \left(= \dfrac{\pi}{2} - \arccos \dfrac{x}{|a|} \right)$
$\dfrac{1}{\sqrt{x^2 + a}} \quad (a \neq 0)$	$\log |x + \sqrt{x^2 + a}|$
$\sqrt{a^2 - x^2} \quad (a \neq 0)$	$\dfrac{1}{2} \left(x\sqrt{a^2 - x^2} + a^2 \arcsin \dfrac{x}{|a|} \right)$
$\sqrt{x^2 + a} \quad (a \neq 0)$	$\dfrac{1}{2} \left(x\sqrt{x^2 + a} + a \log |x + \sqrt{x^2 + a}| \right)$
$\sin ax \quad (a \neq 0)$	$-\dfrac{1}{a} \cos ax$
$\cos ax \quad (a \neq 0)$	$\dfrac{1}{a} \sin ax$
$\tan ax \quad (a \neq 0)$	$-\dfrac{1}{a} \log |\cos ax|$

付録3　三角関数の公式

公式 3.1 加法定理

$$\sin(\alpha+\beta) = \sin\alpha\cos\beta + \cos\alpha\sin\beta$$
$$\cos(\alpha+\beta) = \cos\alpha\cos\beta - \sin\alpha\sin\beta$$
$$\tan(\alpha+\beta) = \frac{\tan\alpha + \tan\beta}{1 - \tan\alpha\tan\beta}$$

公式 3.2 2倍角の公式

$$\sin 2\alpha = 2\sin\alpha\cos\alpha$$
$$\cos 2\alpha = \cos^2\alpha - \sin^2\alpha = 1 - 2\sin^2\alpha = 2\cos^2\alpha - 1$$
$$\tan 2\alpha = \frac{2\tan\alpha}{1 - \tan^2\alpha}$$

公式 3.3 半角の公式

$$\sin^2\frac{\alpha}{2} = \frac{1-\cos\alpha}{2}, \quad \cos^2\frac{\alpha}{2} = \frac{1+\cos\alpha}{2}, \quad \tan^2\frac{\alpha}{2} = \frac{1-\cos\alpha}{1+\cos\alpha}$$

公式 3.4 積を和に変形する公式

$$\sin\alpha\cos\beta = \frac{1}{2}\{\sin(\alpha+\beta) + \sin(\alpha-\beta)\}$$
$$\cos\alpha\sin\beta = \frac{1}{2}\{\sin(\alpha+\beta) - \sin(\alpha-\beta)\}$$
$$\cos\alpha\cos\beta = \frac{1}{2}\{\cos(\alpha+\beta) + \cos(\alpha-\beta)\}$$
$$\sin\alpha\sin\beta = -\frac{1}{2}\{\cos(\alpha+\beta) - \cos(\alpha-\beta)\}$$

公式 3.5 和を積に変形する公式

$$\sin\alpha + \sin\beta = 2\sin\frac{\alpha+\beta}{2}\cos\frac{\alpha-\beta}{2}$$
$$\sin\alpha - \sin\beta = 2\cos\frac{\alpha+\beta}{2}\sin\frac{\alpha-\beta}{2}$$
$$\cos\alpha + \cos\beta = 2\cos\frac{\alpha+\beta}{2}\cos\frac{\alpha-\beta}{2}$$
$$\cos\alpha - \cos\beta = -2\sin\frac{\alpha+\beta}{2}\sin\frac{\alpha-\beta}{2}$$

公式 3.6　半径 R の円に内接する三角形 ABC に関する正弦定理と余弦定理

正弦定理　$\dfrac{a}{\sin A} = \dfrac{b}{\sin B} = \dfrac{c}{\sin C} = 2R$

第 1 余弦定理　$a = b\cos C + c\cos B$

第 2 余弦定理　$\cos A = \dfrac{b^2 + c^2 - a^2}{2bc}$

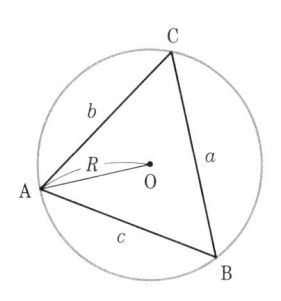

付録 4　ロピタルの定理に関して

$$\lim_{x \to a+0} f(x) = \pm\infty = \lim_{x \to a+0} g(x)$$

のとき

$$\lim_{x \to a+0} \frac{f'(x)}{g'(x)} = A \quad (-\infty < A < +\infty) \qquad ならば \qquad \lim_{x \to a+0} \frac{f(x)}{g(x)} = A$$

[証明]　$a < x < c$ なる c を任意にとり固定し，区間 $[x, c]$ においてコーシーの平均値の定理を適用すると，

$$\frac{f(x) - f(c)}{g(x) - g(c)} = \frac{f'(d)}{g'(d)} \qquad (a < x < d < c)$$

なる点 d がある．したがって

$$\frac{f(x)}{g(x)} = \frac{f'(d)}{g'(d)} \cdot \frac{1 - \dfrac{g(c)}{g(x)}}{1 - \dfrac{f(c)}{f(x)}}.$$

よって，

$$\left| \frac{f(x)}{g(x)} - A \right| = \left| \left(\frac{f'(d)}{g'(d)} - A \right) \cdot \frac{1 - \dfrac{g(c)}{g(x)}}{1 - \dfrac{f(c)}{f(x)}} + A \cdot \left(\frac{1 - \dfrac{g(c)}{g(x)}}{1 - \dfrac{f(c)}{f(x)}} - 1 \right) \right|$$

$$\leqq \left| \left(\frac{f'(d)}{g'(d)} - A \right) \cdot \frac{1 - \dfrac{g(c)}{g(x)}}{1 - \dfrac{f(c)}{f(x)}} \right| + \left| A \cdot \left(\frac{1 - \dfrac{g(c)}{g(x)}}{1 - \dfrac{f(c)}{f(x)}} - 1 \right) \right|.$$

ここで $x \to a+0$ のとき $f(x), g(x) \to \pm\infty$ だから

$$\lim_{x\to a+0}\left[\left\{\left(1-\frac{g(c)}{g(x)}\right)\Big/\left(1-\frac{f(c)}{f(x)}\right)\right\}-1\right]=0.$$

また，上の議論で c は任意に固定してよいから，$x \to a+0$ のとき c はいくらでも a に近くとってよい．したがって，d も a にいくらでも近くとられ，上の不等式の右辺第 1 項も 0 にいくらでも近くできる．したがって

$$\lim_{x\to a+0}\left|\frac{f(x)}{g(x)}-A\right|=0 \quad \text{すなわち} \quad \lim_{x\to a+0}\frac{f(x)}{g(x)}=A. \quad \diamondsuit$$

付録 5 定理 12.4（リーマン）の証明

数列 $\{a_n\}$ から正または 0 の項を順にすべて取り出した数列を

$$p_1, p_2, p_3, \cdots$$

とし，負の項を順にすべて取り出した数列を

$$-q_1, -q_2, -q_3, \cdots$$

とする．$\sum_{n=1}^{\infty} p_n$ と $\sum_{n=1}^{\infty} q_n$ はともに ∞ に発散する．なぜならば，もし両方とも有限の値に収束すれば $\sum_{n=1}^{\infty} |a_n|$ が収束することになり矛盾が生じ，どちらか一方だけが収束する場合は $\sum_{n=1}^{\infty} a_n$ が収束しなくなり再び矛盾が生じるからである．

　c を任意の実数とする．まず $p_1, p_2, \cdots$ を順次加えて，p_α に至って，和が初めて c より大きくなるとする．次に $-q_1, -q_2, \cdots$ を加えて，$-q_\beta$ に至って，和が初めて c よりも小さくなるとする．次にまた和が c よりも大きくなるまで $p_{\alpha+1}, p_{\alpha+2}, \cdots, p_{\alpha+\gamma}$ を加え，次に和が c よりも小さくなるまで $-q_{\beta+1}, \cdots, -q_{\beta+\delta}$ を加える．$\sum_{n=1}^{\infty} p_n$ も $\sum_{n=1}^{\infty} q_n$ も ∞ だから，このような操作を限りなく続けることができる．このようにして生じる級数

$$p_1+p_2+\cdots+p_\alpha-q_1-q_2-\cdots-q_\beta+p_{\alpha+1}+\cdots+p_{\alpha+\gamma}-q_{\beta+1}-\cdots-q_{\beta+\delta}+\cdots$$

は $\sum_{n=1}^{\infty} a_n$ の項の順番を入れ替えたものである．また，この級数の部分和はその作り方から c の前後を行ったり来たりするのだが

$$p_n, q_n \to 0 \quad (n\to\infty)$$

となる（なぜなら，$\sum_{n=1}^{\infty} a_n$ は収束するから，例題 12.1 より $a_n \to 0$（$n\to\infty$）となる）ことから，その行き来の幅が限りなく 0 に近づくのである．したがって，この級数が c に収束することがわかる．　$\diamondsuit$

解答とヒント

§1

問 1.1 （1）∞ （2）0 （3）0
（4）$|r|<1$ のとき 0, $r=1$ のとき 1, それ以外では発散.

問 1.2 等差数列の和について
$$S_n = \sum_{k=1}^{n} a + d \sum_{k=1}^{n} (k-1) = na + d\frac{n(n-1)}{2} = \frac{n\{2a+(n-1)d\}}{2}.$$
等比数列の和 S_n については $S_n - rS_n = a - ar^n$ より求める結果を得る.

問 1.3 （1）$S_{2n}=0$, $S_{2n+1}=1$ より発散
（2）例題 1.2 (2) および不等式 $\dfrac{n}{n+1} \geq \dfrac{1}{n}$ ($n \geq 2$) より発散
（3）$S_n = \dfrac{n\{2a+(n-1)d\}}{2}$ より発散
（4）$|r|<1$ のとき $\dfrac{a}{1-r}$ に収束, それ以外のとき発散

問 1.4 （1）2 （2）3 （3）4

問 1.5 $f(+0)=-1$, $f(-0)=1$

練習問題 1

1. （1）0 （2）1 （3）-1 （4）3 （5）$\dfrac{1}{2}$

2. $a_n = \dfrac{1}{n} - \dfrac{1}{n+1}$ より $S_n = 1 - \dfrac{1}{n+1}$. また $\sum_{n=1}^{\infty} a_n = \lim_{n \to \infty} S_n = 1$.

3. （1）20 （2）$\dfrac{1}{4}$ （3）0 （4）-1 （5）-2

4. p を整数とすると, 定義より
$$f(x) = \begin{cases} p & (p \leq x < p+1), \\ p-1 & (p-1 \leq x < p) \end{cases}$$
であるから
$$\begin{cases} f(p+0) = \lim_{x \to p+0} f(x) = p = f(p), \\ f(p-0) = \lim_{x \to p-0} f(x) = p-1 \neq f(p) \end{cases}$$

となる．よって整数点で右側連続であるが左側連続ではない．また x が整数でなければ $p < x < p+1$ を満たす整数 p が存在するので $f(x)$ は開区間 $(p, p+1)$ で定数 p である．よって x で連続である．

§2

問 2.1 $f'(1) = \lim_{x \to 1} \dfrac{f(x) - f(1)}{x - 1} = \lim_{x \to 1} \dfrac{\sqrt{2x+1} - \sqrt{3}}{x - 1}$
$= \lim_{x \to 1} \dfrac{(\sqrt{2x+1} - \sqrt{3})(\sqrt{2x+1} + \sqrt{3})}{(x-1)(\sqrt{2x+1} + \sqrt{3})} = \lim_{x \to 1} \dfrac{2}{\sqrt{2x+1} + \sqrt{3}} = \dfrac{1}{\sqrt{3}}$

問 2.2 $f'(4) = \lim_{x \to 4} \dfrac{f(x) - f(4)}{x - 4} = \lim_{x \to 4} \dfrac{1}{x-4}\left(\dfrac{1}{\sqrt{x}} - \dfrac{1}{\sqrt{4}}\right) = \lim_{x \to 4} \dfrac{2 - \sqrt{x}}{2\sqrt{x}(x-4)}$
$= \lim_{x \to 4} \dfrac{(2 - \sqrt{x})(2 + \sqrt{x})}{2\sqrt{x}(x-4)(2 + \sqrt{x})} = \lim_{x \to 4} \dfrac{-1}{2\sqrt{x}(2 + \sqrt{x})} = -\dfrac{1}{16}$

問 2.3 商の部分だけ証明する．a と異なる x をとる．$x - a \neq 0$ である．次のように式を変形する．

$$\dfrac{\left(\dfrac{f}{g}\right)(x) - \left(\dfrac{f}{g}\right)(a)}{x - a} = \dfrac{\dfrac{f(x)}{g(x)} - \dfrac{f(a)}{g(a)}}{x - a} = \dfrac{f(x)\,g(a) - f(a)\,g(x)}{(x - a)\,g(x)\,g(a)}$$

$$= \dfrac{(f(x) - f(a))\,g(a) - f(a)\,(g(x) - g(a))}{(x - a)\,g(x)\,g(a)}$$

$$= \dfrac{\dfrac{f(x) - f(a)}{x - a}\,g(a) - f(a)\,\dfrac{g(x) - g(a)}{x - a}}{g(x)\,g(a)}.$$

ここで x を a に近づける．$f(x)$ は $x = a$ において微分可能であるから $\dfrac{f(x) - f(a)}{x - a}$ は $f'(a)$ に近づく．$g(x)$ は $x = a$ において微分可能であるから $\dfrac{g(x) - g(a)}{x - a}$ は $g'(a)$ に近づく．また，$g(x)$ は $g(a)$ に近づく．よって上の式の最後の項は，したがって最初の項も，$\dfrac{f'(a)\,g(a) - f(a)\,g'(a)}{(g(a))^2}$ に近づく．つまり

$$\lim_{x \to a} \dfrac{\left(\dfrac{f}{g}\right)(x) - \left(\dfrac{f}{g}\right)(a)}{x - a} = \dfrac{f'(a)\,g(a) - f(a)\,g'(a)}{(g(a))^2}$$

が成り立つ．この式は $\left(\dfrac{f}{g}\right)(x)$ が $x = a$ において微分可能であること，および，その微分係数 $\left(\dfrac{f}{g}\right)'(a)$ が $\dfrac{f'(a)\,g(a) - f(a)\,g'(a)}{(g(a))^2}$ に等しいことを表す．

問 2.4 関数 x^3 は任意の $x = a$ において微分可能であるから，これを 5 倍した関数である $5x^3$ も任意の $x = a$ において微分可能である．関数 x^2 も任意の $x = a$ において微

分可能である．したがって $5x^3$ と x^2 の和である $5x^3 + x^2$ も任意の $x = a$ において微分可能である．以下同様にして $5x^3 + x^2 - 2x + 1$ は任意の $x = a$ において微分可能であることがわかる．$5x^3 + x^2 - 2x + 1$ は任意の $x = a$ において微分可能であるから，この関数と自分自身との積である $(5x^3 + x^2 - 2x + 1)^2$ も任意の $x = a$ において微分可能である．$(5x^3 + x^2 - 2x + 1)^2$ は任意の $x = a$ において微分可能であるから，この関数と自分自身との積である $(5x^3 + x^2 - 2x + 1)^4$ も任意の $x = a$ において微分可能である．

問 2.5 関数 $3x + 2$ は任意の $x = a$ において微分可能である．関数 $x^4 + 1$ も任意の $x = a$ において微分可能であり，しかも 0 ではない．よってこれらの商である $f(x) = \dfrac{3x + 2}{x^4 + 1}$ は任意の $x = a$ において微分可能である．

練習問題 2

1. 関数 $f(x)$ は $x = a$ において微分可能であるから $\lim_{h \to 0} \dfrac{f(a+h) - f(a)}{h} = f'(a)$ … (1) が成り立つ．(1) において h のところに $-h$ を代入し，$-h$ が 0 に近づくことと h が 0 に近づくことは同じであることに注意することにより $\lim_{h \to 0} \dfrac{f(a-h) - f(a)}{-h} = f'(a)$ … (2) を得る．(1) と (2) の辺々を加えれば，極限値の和の性質より

$$\lim_{h \to 0} \dfrac{f(a+h) - f(a) - f(a-h) + f(a)}{h} = 2f'(a)$$

を得る．これより結論を得る．

2. 0 と異なる x をとる．$\dfrac{f(x) - f(0)}{x - 0} = \dfrac{f(x)}{x}$ である．ところで $f(x)$ の定義より $0 < f(x) \leqq x^2$ が成り立つ．これより $0 < \left|\dfrac{f(x)}{x}\right| \leqq |x|$ を得る．この不等式より，x を 0 に近づけると $\dfrac{f(x)}{x}$ は 0 に近づくことがわかる．すなわち極限値 $\lim_{x \to 0} \dfrac{f(x) - f(0)}{x - 0}$ は存在する（0 に等しい）．よって $f(x)$ は $x = 0$ において微分可能である．

3.（1） 微分係数の定義より

$$f'(a) = \lim_{x \to a} \dfrac{f(x) - f(a)}{x - a} = \lim_{x \to a} \dfrac{\sqrt{x} - \sqrt{a}}{x - a} = \lim_{x \to a} \dfrac{1}{\sqrt{x} + \sqrt{a}} = \dfrac{1}{2\sqrt{a}}$$

（2） 微分係数の定義より

$$f'(a) = \lim_{x \to a} \dfrac{f(x) - f(a)}{x - a} = \lim_{x \to a} \dfrac{\sqrt[3]{x} - \sqrt[3]{a}}{x - a} = \lim_{x \to a} \dfrac{\sqrt[3]{x} - \sqrt[3]{a}}{(\sqrt[3]{x})^3 - (\sqrt[3]{a})^3}$$

$$= \lim_{x \to a} \dfrac{1}{(\sqrt[3]{x})^2 + \sqrt[3]{x}\sqrt[3]{a} + (\sqrt[3]{a})^2} = \dfrac{1}{3(\sqrt[3]{a})^2}$$

（3） 極限値 $\lim_{x \to 0} \dfrac{f(x) - f(0)}{x - 0}$ が存在しないことを示す．0 と異なる x をとり，次のように式を変形する．

$$\frac{f(x)-f(0)}{x-0}=\frac{\sqrt[3]{x}-\sqrt[3]{0}}{x}=\frac{\sqrt[3]{x}}{x}=\frac{(\sqrt[3]{x})^3}{x(\sqrt[3]{x})^2}=\frac{1}{(\sqrt[3]{x})^2}.$$

x を 0 に近づけると $(\sqrt[3]{x})^2$ は 0 に近づく．よって，極限値 $\lim_{x\to 0}\dfrac{1}{(\sqrt[3]{x})^2}$ は存在しない．よって，極限値 $\lim_{x\to 0}\dfrac{f(x)-f(0)}{x-0}$ は存在しない．よって，$f(x)$ は $x=0$ において微分可能でない．

注意 $y=\sqrt[3]{x}$ のグラフの，原点における接線は存在する．y 軸である．

4. （1） $6x(3x+10)(x^3+5x^2+3)^5$ （2） $12x^3-6x^2+24x-1$

（3） $\dfrac{3x}{\sqrt{3x^2+1}}$ （4） $\dfrac{4x}{3\sqrt[3]{x^2+1}}$ （5） $\dfrac{-x^2-2x+1}{(x+2)^2(x+3)^2}$

（6） $\dfrac{3}{(3-x^2)^{3/2}}$ （7） $\dfrac{6(x+1)(x-\sqrt{2x+1})^2}{(x+\sqrt{2x+1})^4\sqrt{2x+1}}$

§3

問 3.1 $S=$ 単位円の面積，$S_{12}=$ 単位円に内接する正 12 角形の面積，$T_4=$ 単位円に外接する正 4 角形の面積，とする．このとき，$S_{12}<S<T_4$ であり，$S_{12}=3$, $S=\pi$, $T_4=4$ であるから求める不等式を得る．

問 3.2 正 3 角形 ABC に対し，辺 BC の中点を D とする．$|BD|=\dfrac{1}{2}|BC|$, $|AD|=\dfrac{\sqrt{3}}{2}|AB|$ を用いて計算する．

問 3.3 （i） $\sin\theta$ の値は順に $0, \dfrac{\sqrt{2}}{2}, \dfrac{\sqrt{3}}{2}, \dfrac{1}{2}, 0, -\dfrac{1}{2}, -\dfrac{\sqrt{3}}{2}, -\dfrac{\sqrt{3}}{2}, -\dfrac{1}{2}, 0$

（ii） $\cos\theta$ の値は順に $1, \dfrac{\sqrt{2}}{2}, \dfrac{1}{2}, -\dfrac{\sqrt{3}}{2}, -1, -\dfrac{\sqrt{3}}{2}, -\dfrac{1}{2}, \dfrac{1}{2}, \dfrac{\sqrt{3}}{2}, 1$

（iii） $\tan\theta$ の値は順に $0, 1, \sqrt{3}, -\dfrac{\sqrt{3}}{3}, 0, \dfrac{\sqrt{3}}{3}, \sqrt{3}, -\sqrt{3}, -\dfrac{\sqrt{3}}{3}, 0$

問 3.4 （1） $\cos\theta-\sin\theta$ （2） 0 （3） $3\sin\theta\cos\theta(\sin\theta-\cos\theta)$
（4） $-\sin 4\theta$

問 3.5 （1） 値域 $(-\infty,-1]\cup[1,\infty)$, 導関数 $-\dfrac{\cos\theta}{\sin^2\theta}$

（2） 値域 $(-\infty,-1]\cup[1,\infty)$, 導関数 $\dfrac{\sin\theta}{\cos^2\theta}$

（3） 値域 $(-\infty,0)\cup(0,\infty)$, 導関数 $-\dfrac{1}{\sin^2\theta}$

問 3.6 （1） $\dfrac{\pi}{6}$ （2） $\dfrac{\pi}{3}$ （3） $\dfrac{\pi}{4}$ （4） $-\dfrac{\pi}{6}$ （5） $\dfrac{2\pi}{3}$
（6） $-\dfrac{\pi}{4}$

解答とヒント (§4)

練習問題 3

1. (1) $\displaystyle\lim_{\theta\to 0}\frac{\sin 4\theta}{3\theta}=\frac{4}{3}\lim_{\theta\to 0}\frac{\sin 4\theta}{4\theta}=\frac{4}{3}$

(2) $\displaystyle\lim_{\theta\to 0}\frac{\sin 3\theta}{\sin 5\theta}=\frac{3}{5}\lim_{\theta\to 0}\frac{\sin 3\theta}{3\theta}\cdot\frac{5\theta}{\sin 5\theta}=\frac{3}{5}$

(3) $\displaystyle\lim_{\theta\to +\infty}\theta\sin\frac{\pi}{\theta}=\pi\lim_{\theta\to +\infty}\frac{\sin\frac{\pi}{\theta}}{\frac{\pi}{\theta}}=\pi$

2. (1) $\dfrac{d}{dx}\sin(\omega x+\phi)=\omega\cos(\omega x+\phi)$

(2) $\dfrac{d}{dx}\cos(\omega x+\phi)=-\omega\sin(\omega x+\phi)$

(3) $\dfrac{d}{dx}\tan(\omega x+\phi)=\dfrac{\omega}{\cos^2(\omega x+\phi)}$

(4) $\dfrac{d}{dx}\sin(1+x^2)=2x\cos(1+x^2)$

(5) $\dfrac{d}{dx}\cos(2x^2+3x)=-(4x+3)\sin(2x^2+3x)$

(6) $\dfrac{d}{dx}\tan(x^3-2x)=\dfrac{3x^2-2}{\cos^2(x^3-2x)}$

3. (1) $f_1(t)=\arcsin t,\ \ v_1(t)=f_1'(t)=\dfrac{1}{\sqrt{1-t^2}}$

(2) $f_2(t)=\arcsin t,\ \ v_2(t)=f_2'(t)=\dfrac{1}{\sqrt{1-t^2}}$

§4

問 4.1 $x>0$ の場合は定理 4.4 に示されている．$x<0$ の場合について
$$(\log|x|)'=(\log(-x))'=\frac{1}{-x}(-x)'=\frac{-1}{-x}=\frac{1}{x}$$
となり求める結果を得る．

問 4.2 双曲線関数の定義と指数関数の導関数を使って計算できる．

練習問題 4

1. (1) $\displaystyle\lim_{x\to 0}(1+ax)^{\frac{1}{x}}=\lim_{u\to 0}(1+u)^{\frac{a}{u}}=\lim_{u\to 0}((1+u)^{\frac{1}{u}})^a=e^a$

(2) $\displaystyle\lim_{x\to 0}\frac{e^{4x}-1}{3x}=\frac{4}{3}\lim_{x\to 0}\frac{e^{4x}-1}{4x}=\frac{4}{3}$

(3) $\displaystyle\lim_{x\to +0}\frac{e^{\frac{1}{x}}-e^{-\frac{1}{x}}}{e^{\frac{1}{x}}+e^{-\frac{1}{x}}}=\lim_{x\to +0}\frac{1-\dfrac{1}{e^{\frac{2}{x}}}}{1+\dfrac{1}{e^{\frac{2}{x}}}}=1$

(4) $\displaystyle\lim_{x\to -0}\frac{e^{\frac{1}{x}}-e^{-\frac{1}{x}}}{e^{\frac{1}{x}}+e^{-\frac{1}{x}}}=\lim_{x\to -0}\frac{e^{\frac{2}{x}}-1}{e^{\frac{2}{x}}+1}=-1$

2. (1) $\displaystyle\frac{d}{dx}\frac{1}{2a}\log\left|\frac{x-a}{x+a}\right|=\frac{1}{(x-a)(x+a)}$

(2) $\displaystyle\frac{d}{dx}\log\left|\frac{x^2-1}{x^2+1}\right|=\frac{2x}{x^2-1}-\frac{2x}{x^2+1}=\frac{4x}{(x^2-1)(x^2+1)}$

(3) $\displaystyle\frac{d}{dx}\log(x^2\sqrt{x^2-4}\,)=\frac{2}{x}+\frac{x}{x^2-4}=\frac{3x^2-8}{x(x^2-4)}$

(4) $\displaystyle\frac{d}{dx}\log\sqrt{(x+2)(x+3)}=\frac{1}{2}\left(\frac{1}{x+2}+\frac{1}{x+3}\right)=\frac{2x+5}{2(x+2)(x+3)}$

(5) $\displaystyle\frac{d}{dx}(xe^x+e^{-x})^4 : y=u^4,\ u=xe^x+e^{-x}$ とおくと

$$\frac{dy}{dx}=\frac{dy}{du}\frac{du}{dx}=4u^3(e^x+xe^x-e^{-x})=4(xe^x+e^{-x})^3(e^x+xe^x-e^{-x})$$

(6) $\displaystyle\frac{d}{dx}\log|\log x| : y=\log|u|,\ u=\log x$ とおくと

$$\frac{dy}{dx}=\frac{dy}{du}\frac{du}{dx}=\frac{1}{u}\frac{1}{x}=\frac{1}{x\log x}$$

§5

問 5.1 (1) $h(x)=f(x)-g(x)$ とおくと $h'(x)=0$ ∴ $h(x)=C$ ∴ $f(x)=g(x)+C$

(2) $h(x)=\dfrac{f(x)}{g(x)}$ とおくと $h'(x)=0$ ∴ $h(x)=C$ ∴ $f(x)=Cg(x)$

問 5.2 もし $g(b)=g(a)$ ならば，ロルの定理より $g'(c)=0$ となる点 c ($a<c<b$) がある．これは仮定に反する．

問 5.3 (1) $\displaystyle\lim_{x\to 0}\frac{1-\cos x}{x^2\cos x}=\lim_{x\to 0}\frac{\sin x}{2x\cos x-x^2\sin x}$

$=\displaystyle\lim_{x\to 0}\frac{\cos x}{2\cos x-4x\sin x-x^2\cos x}=\frac{1}{2}$

(2) $\displaystyle\lim_{x\to 0}\left(\frac{1}{\sin x}-\frac{1}{x}\right)=\lim_{x\to 0}\frac{x-\sin x}{x\sin x}=\lim_{x\to 0}\frac{1-\cos x}{\sin x+x\cos x}$

$$= \lim_{x \to 0} \frac{\sin x}{2\cos x - x \sin x} = 0$$

(3) $\displaystyle\lim_{x \to 0} \frac{a^x - b^x}{x} = \lim_{x \to 0} \frac{a^x \log a - b^x \log b}{1} = \log \frac{a}{b}$

(4) $\displaystyle\lim_{x \to 1}\left(\frac{x}{x-1} - \frac{1}{\log x}\right) = \lim_{x \to 1} \frac{x \log x - x + 1}{(x-1)\log x} = \lim_{x \to 1} \frac{\log x + 1 - 1}{\log x + \dfrac{x-1}{x}}$

$\displaystyle= \lim_{x \to 1} \frac{x \log x}{x \log x + x - 1} = \lim_{x \to 1} \frac{\log x + 1}{\log x + 1 + 1} = \frac{1}{2}$

(5) $\displaystyle\lim_{x \to \infty} x \log\left|\frac{x-a}{x+a}\right| = \lim_{x \to \infty} \frac{\log|x-a| - \log|x+a|}{\dfrac{1}{x}} = \lim_{x \to \infty} \frac{\dfrac{1}{x-a} - \dfrac{1}{x+a}}{-\dfrac{1}{x^2}}$

$\displaystyle= \lim_{x \to \infty} \frac{-2ax^2}{x^2 - a^2} = -2a$

(6) $\displaystyle\lim_{x \to \infty} \frac{\log(1+2^x)}{x} = \lim_{x \to \infty} \frac{\dfrac{2^x \log 2}{1+2^x}}{1} = \log 2$

問 5.4 不定形でないのでロピタルの定理は使えない．

問 5.5 (1) $f(x) = x - \sin x$ とおくと $f'(x) = 1 - \cos x$. $f'(x) \geqq 0$ かつ $f'(x) > 0$ ($0 < x < 2\pi$). ゆえに $f(x)$ は $0 < x < 2\pi$ で単調増加で，$f(0) = 0$ だから $f(x) > 0$ ($0 < x < 2\pi$) である．さらに $f(x)$ は $x \geqq 2\pi$ で非減少関数だから $f(x) \geqq f(2\pi) = 2\pi > 0$ ($x \geqq 2\pi$) である．よって $f(x) > 0$ ($x > 0$). ゆえに $x > \sin x$ ($x > 0$).

(2) $f(x) = \log(1+x) - x + \dfrac{x^2}{2}$ とおくと $f'(x) = \dfrac{1}{1+x} - 1 + x$ $\therefore$ $f'(x) > 0$ かつ $f(0) = 0$. よって，$f(x) > 0$ ($x > 0$). ゆえに，$\log(1+x) > x - \dfrac{x^2}{2}$ ($x > 0$).

問 5.6 (1) $f'(x) = 3x^2 - 12x + 11 = 0$ より $x = \dfrac{6 \pm \sqrt{3}}{3}$.

ゆえに，極大値 $f\left(\dfrac{6-\sqrt{3}}{3}\right) = \dfrac{2}{3\sqrt{3}}$,

極小値 $f\left(\dfrac{6+\sqrt{3}}{3}\right) = \dfrac{-2}{3\sqrt{3}}$.

x		$\dfrac{6-\sqrt{3}}{3}$		$\dfrac{6+\sqrt{3}}{3}$	
f'	+	0	−	0	+
f	↗	$\dfrac{2}{3\sqrt{3}}$	↘	$\dfrac{-2}{3\sqrt{3}}$	↗

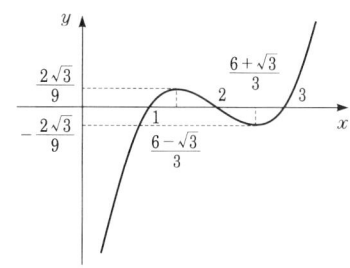

(2) $f'(x) = \dfrac{2(x^2-2)}{(x^2+x+2)^2} = 0$ より $x = \sqrt{2},\ x = -\sqrt{2}$.

ゆえに，極大値 $f(-\sqrt{2}) = \dfrac{9+4\sqrt{2}}{7}$，極小値 $f(\sqrt{2}) = \dfrac{9-4\sqrt{2}}{7}$.

x		$-\sqrt{2}$		$\sqrt{2}$	
f'	$+$	0	$-$	0	$+$
f	↗	$\dfrac{9+4\sqrt{2}}{7}$	↘	$\dfrac{9-4\sqrt{2}}{7}$	↗

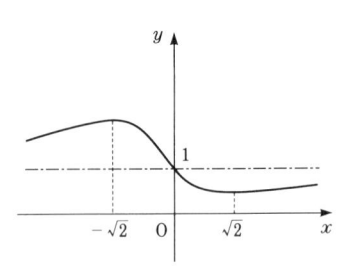

(3) $f'(x) = \dfrac{x(3a-4x)}{2\sqrt{ax-x^2}} = 0$ より $x = 0,\ x = \dfrac{3}{4}a$, ゆえに，極大値 $f\left(\dfrac{3a}{4}\right) = \dfrac{3\sqrt{3}\,a^2}{16}$，極小値なし.

x	0		$\dfrac{3}{4}a$		a
f'	0	$+$	0	$-$	
f	0	↗	$\dfrac{3\sqrt{3}}{16}a^2$	↘	0

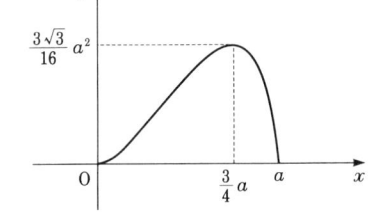

(4) $f'(x) = -2xe^{-x^2} = 0$ より $x = 0$.
ゆえに，極大値 $f(0) = 1$，極小値なし.
$\lim\limits_{x \to \pm\infty} f(x) = 0$.

x		0	
f'	$+$	0	$-$
f	↗	1	↘

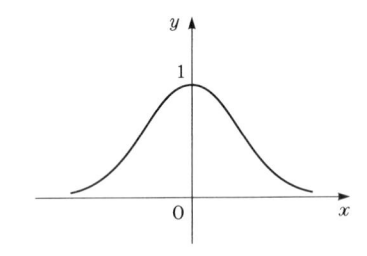

練習問題 5

1. $f(a_i) = 0$（$i = 1, 2, 3$）だから $[a_i, a_{i+1}]$（$i = 1, 2$）でロルの定理を用いると $f'(b_i) = 0$ となる点 $a_i \leq b_i \leq a_{i+1}$（$i = 1, 2$）がある.

2. $h(x) = f(x)x^{-k}$ とおくと，$h'(x) = 0$（$x \neq 0$）. $\therefore h(x) = A$（$x \geq 0$），$h(x) = B$（$x \leq 0$）. $\therefore f(x) = Ax^k$（$x \geq 0$），$f(x) = Bx^k$（$x \leq 0$）.

ここで，$k = 1$ のときは，$A = B$，$k \neq 1$ のときは，A, B は任意の定数.

3. $g(0) = g(\pi) = 0$ だからロルの定理により $f'(c)\sin c + f(c)\cos c = 0$ となる c

($0 < c < \pi$) がある.

4. (1) $\displaystyle\lim_{x\to 0}\frac{\arctan x}{x}=\lim_{x\to 0}\frac{\dfrac{1}{1+x^2}}{1}=1$

(2) $\left(\dfrac{a^x+b^x}{2}\right)^{\frac{1}{x}}=y$ とおくと

$\displaystyle\lim_{x\to 0}\log y=\lim_{x\to 0}\frac{\log\dfrac{a^x+b^x}{2}}{x}=\lim_{x\to 0}\frac{\dfrac{a^x\log a+b^x\log b}{a^x+b^x}}{1}=\frac{\log a+\log b}{2}=\log\sqrt{ab}$

$\therefore\ \displaystyle\lim_{x\to 0}\left(\frac{a^x+b^x}{2}\right)^{\frac{1}{x}}=\lim_{x\to 0}e^{\log y}=\sqrt{ab}$

(3) $\displaystyle\lim_{x\to 0}\frac{b^x-1}{a^x-1}=\lim_{x\to 0}\frac{b^x\log b}{a^x\log a}=\frac{\log b}{\log a}$

(4) $\displaystyle\lim_{x\to +0}x\log\left(1+\frac{1}{x}\right)=\lim_{x\to +0}\frac{\log\left(1+\dfrac{1}{x}\right)}{\dfrac{1}{x}}=\lim_{x\to +0}\frac{\dfrac{1}{x+1}-\dfrac{1}{x}}{-\dfrac{1}{x^2}}$

$=\displaystyle\lim_{x\to +0}\frac{x}{x+1}=0$

(5) $\displaystyle\lim_{x\to\infty}x\arcsin\left(\frac{1}{x}\right)=\lim_{x\to\infty}\frac{\arcsin\left(\dfrac{1}{x}\right)}{\dfrac{1}{x}}=\lim_{y\to +0}\frac{\arcsin y}{y}=1$

(6) $\displaystyle\lim_{x\to\infty}x(a^{\frac{1}{x}}-1)=\lim_{y\to +0}\frac{a^y-1}{y}=\lim_{y\to +0}\frac{a^y\log a}{1}=\log a$

(7) $x>e^2$ のとき $x^x>(e^2)^x=e^{2x}$

$\therefore\ \displaystyle\lim_{x\to\infty}(x^x-e^x)\geqq\lim_{x\to\infty}(e^{2x}-e^x)=\lim_{x\to\infty}e^x(e^x-1)=+\infty$

(8) $y=(1+e^x)^{\frac{1}{x}}$ とおくと $\log y=\dfrac{1}{x}\log(1+e^x)$

$\therefore\ \displaystyle\lim_{x\to\infty}\log y=\lim_{x\to\infty}\frac{\log(1+e^x)}{x}=\lim_{x\to\infty}\frac{\dfrac{e^x}{1+e^x}}{1}=1$

$\therefore\ \displaystyle\lim_{x\to\infty}(1+e^x)^{\frac{1}{x}}=\lim_{x\to\infty}e^{\log y}=e$

(9) $y=(\log x)^x$ とおくと $\log y=x\log\log x,\ y'=y\cdot\left(\log\log x+\dfrac{1}{\log x}\right)$

$\therefore\ \displaystyle\lim_{x\to\infty}\frac{x}{(\log x)^x}=\lim_{x\to\infty}\frac{1}{(\log x)^x\left(\log\log x+\dfrac{1}{\log x}\right)}=0$

5. 図は 167 ページに示してある.

(1) $f'(x)=\begin{cases} 2(3x^2-4x-1) & (-1<x<1,\ x>2), \\ -2(3x^2-4x-1) & (x<-1,\ 1<x<2). \end{cases}$

$f'(x) = 0$ より $x = \dfrac{2 \pm \sqrt{7}}{3}$. ゆえに $x = \dfrac{2+\sqrt{7}}{3}$ で極大値 $\dfrac{28\sqrt{7}-40}{27}$, $x = \dfrac{2-\sqrt{7}}{3}$ で極大値 $\dfrac{28\sqrt{7}+40}{27}$. また $x = -1, 1, 2$ で $f(x)$ は微分可能でないが, 極小値 0.

x		-1		$\dfrac{2-\sqrt{7}}{3}$		1		$\dfrac{2+\sqrt{7}}{3}$		2	
f'	$-$		$+$	0	$-$		$+$	0	$-$		$+$
f	$\searrow$	0	$\nearrow$	$\dfrac{28\sqrt{7}+40}{27}$	$\searrow$	0	$\nearrow$	$\dfrac{28\sqrt{7}-40}{27}$	$\searrow$	0	$\nearrow$

(2) $f'(x) = \dfrac{\sqrt{1-x} - \sqrt{1+x}}{2\sqrt{1-x^2}} = 0$ より $x = 0$. ゆえに, $x = 0$ で極大値 2.

x	-1		0		1
f'		$+$	0	$-$	
f	$\sqrt{2}$	$\nearrow$	2	$\searrow$	$\sqrt{2}$

(3) $f'(x) = 1 - \dfrac{x}{\sqrt{4-x^2}} = 0$ より $x = \sqrt{2}$. ゆえに, $x = \sqrt{2}$ で極大値 $2\sqrt{2}$.

x	-2		$\sqrt{2}$		2
f'		$+$	0	$-$	
f	-2	$\nearrow$	$2\sqrt{2}$	$\searrow$	2

(4) $f'(x) = \dfrac{2(1-x^2)}{(1+x^2)^2} = 0$ より $x = \pm 1$. さらに $\displaystyle\lim_{x \to \pm\infty} f(x) = 0$. ゆえに, $x = 1$ で極大値 1, $x = -1$ で極小値 -1.

x		-1		1	
f'	$-$	0	$+$	0	$-$
f	$\searrow$	-1	$\nearrow$	1	$\searrow$

(5) $f'(x) = \dfrac{\log x - 1}{(\log x)^2} = 0$ より $x = e$. ゆえに, $x = e$ で極小値 e. $x = 1$ で不連続.

x	0		1		e	
f'		$-$		$-$	0	
f	0	$\searrow$		$\searrow$	e	$\nearrow$

(6) $f'(x) = x(2-x)e^{-x} = 0$ より $x = 0, x = 2$. ゆえに, $x = 2$ で極大値

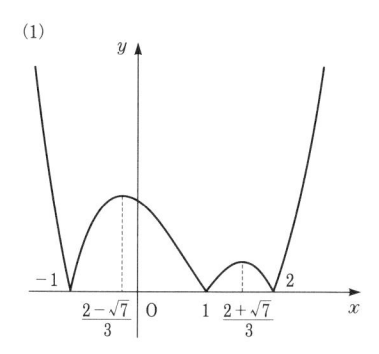

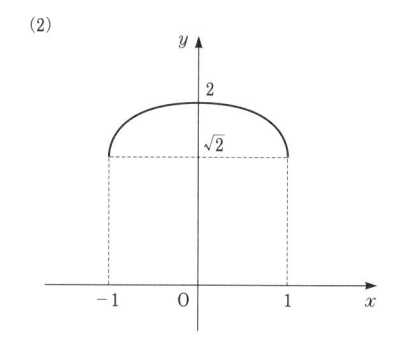

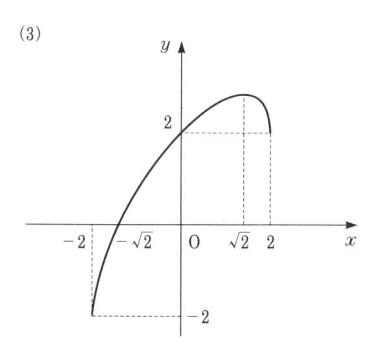

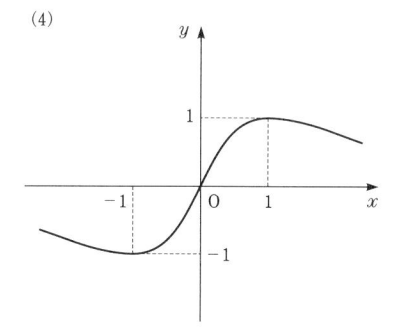

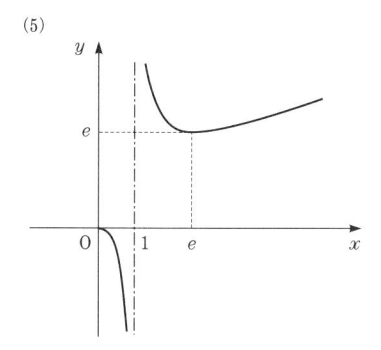

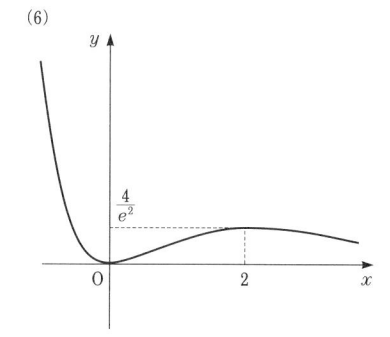

$\dfrac{4}{e^2}$, $x=0$ で極小値 0. $\displaystyle\lim_{x\to +\infty}f(x)=0$, $\displaystyle\lim_{x\to -\infty}f(x)=+\infty$.

(1)

(2)

(3)

(4)

(5)

(6)

x		0		2	
f'	$-$	0	$+$	0	$-$
f	$\searrow$	0	$\nearrow$	$\dfrac{4}{e^2}$	$\searrow$

6. $f'(x) = \dfrac{1}{x^2} - \dfrac{3p}{x^4} = \dfrac{1}{x^4}(x^2 - 3p) = 0$ が解をもつための必要条件は $p > 0$. このとき増減表より, $x = -\sqrt{3p}$ で極大値 $f(-\sqrt{3p}) = \dfrac{2p}{(\sqrt{3p})^3} - q = 0$.
∴ $q = \dfrac{2p}{(\sqrt{3p})^3} = \dfrac{2\sqrt{3}}{9\sqrt{p}}$ (>0). このとき, 極小値は $f(\sqrt{3p}) = -\dfrac{4\sqrt{3}}{9\sqrt{p}}$.
さらに, $\lim\limits_{x \to 0-0} f(x) = -\infty$, $\lim\limits_{x \to 0+0} f(x) = +\infty$ および $\lim\limits_{x \to \pm\infty} f(x) = \dfrac{-2\sqrt{3}}{9\sqrt{p}}$.
グラフの概形の記述を省略する.

7. 円の内部にある長方形を対角線の交点が円の中心と一致するように平行移動したとき, それはまたその円に含まれる. したがって, 円に含まれ周の長さが最大となる長方形の 4 つの頂点は円周上にあるとしてよい. よって, 直径を 1 辺とし円に内接する三角形の周の長さの最大値を調べればよい. したがって, 長方形の隣り合った 2 辺を x, y とするとき $x > 0, y > 0$ のとき, 条件 $x^2 + y^2 = 2^2$ のもとに, $k = x + y$ の最大値を調べればよい. $k = k(x) = \sqrt{4 - x^2} + x$ $(0 < x < 2)$ より $k'(x) = \dfrac{-x}{\sqrt{4 - x^2}} + 1 = 0$ となる x は $x = \sqrt{2}$ (正の方). よって $x = \sqrt{2}$ で k は最大値 $2\sqrt{2}$ をとり, このとき, 長方形の周の長さは $4\sqrt{2}$ である.

§6

問 6.1 $n = 1, 2, 3, \cdots$ とする.
 (1) $y' = -\sin x = \cos\left(x + \dfrac{\pi}{2}\right)$, $y'' = -\sin\left(x + \dfrac{\pi}{2}\right) = \cos\left(x + 2\dfrac{\pi}{2}\right)$, $\cdots$,
$y^{(n)} = \cos\left(x + \dfrac{n}{2}\pi\right)$
 (2) $y' = \alpha(1 + x)^{\alpha - 1}$, $y'' = \alpha(\alpha - 1)(1 + x)^{\alpha - 2}$, $\cdots$,
$y^{(n)} = \alpha(\alpha - 1)\cdots(\alpha - n + 1)(1 + x)^{\alpha - n}$

問 6.2 $n = 1, 2, 3, \cdots$ とする.
 (1) $y^{(n)} = x^2 \cos\left(x + \dfrac{n}{2}\pi\right) + 2nx \cos\left(x + \dfrac{n - 1}{2}\pi\right)$
 $+ n(n - 1) \cos\left(x + \dfrac{n - 2}{2}\pi\right)$
 (2) $y^{(n)} = (x^2 + 2nx + n(n - 1))e^x$

問 6.3 $0 < \theta < 1$ とする.

(1) 問 6.1 (1) より, $f^{(k)}(x) = \cos\left(x + \dfrac{k}{2}\pi\right)$ であるから,
$$f^{(2k)}(0) = (-1)^k, \quad f^{(2k+1)}(0) = 0 \quad (k = 0, 1, 2, \cdots)$$
となる. したがって,
$$\cos x = 1 - \dfrac{x^2}{2!} + \dfrac{x^4}{4!} - \cdots + (-1)^n \dfrac{x^{2n}}{(2n)!} + (-1)^{n+1} \dfrac{\sin\theta x}{(2n+1)!} x^{2n+1}$$
$$(0 < \theta < 1).$$

(2) 問 6.1 (2) より, $f^{(k)}(x) = \alpha(\alpha-1)\cdots(\alpha-k+1)(1+x)^{\alpha-k}$ であるから,
$$f^{(k)}(0) = \alpha(\alpha-1)\cdots(\alpha-k+1) \quad (k = 1, 2, \cdots)$$
となる. したがって,
$$(1+x)^\alpha = 1 + \alpha x + \dfrac{\alpha(\alpha-1)}{2!}x^2 + \cdots + \dfrac{\alpha(\alpha-1)\cdots(\alpha-n+2)}{(n-1)!}x^{n-1}$$
$$+ \dfrac{\alpha(\alpha-1)\cdots(\alpha-n+1)}{n!}(1+\theta x)^{\alpha-n}x^n \quad (0 < \theta < 1).$$

問 6.4 (1) $\cos x = 1 - \dfrac{x^2}{2!} + \dfrac{x^4}{4!} + \cdots + (-1)^n \dfrac{x^{2n}}{(2n)!} + \cdots \quad (-\infty < x < \infty)$

(2) $\sin x + \cos x = 1 + x - \dfrac{x^2}{2!} - \dfrac{x^3}{3!} + \cdots + (-1)^{n-1}\dfrac{x^{2n-1}}{(2n-1)!}$
$$+ (-1)^n \dfrac{x^{2n}}{(2n)!} + \cdots \quad (-\infty < x < \infty)$$

練習問題 6

1. $y = \dfrac{x}{2} + 1 + \dfrac{1}{2x-4}$ であるから, $y' = \dfrac{1}{2} - \dfrac{2}{(2x-4)^2}$, $y'' = \dfrac{8}{(2x-4)^3}$.
$y' = 0$ から $x = 1, 3$ である. しかし, $y'' = 0$ となる x は存在しない. したがって, 増減表は次のようになる.

x		1		2		3	
y'	+	0	−	/	−	0	+
y''	−	−	−	/	+	+	+
y	↗	極大	↘	/	↘	極小	↗

よって, この関数は $x = 1$ で極大値 1 をとり, $x = 3$ で極小値 3 をとる. この曲線は変曲点をもたない. また, $y = 0$ とすると, $x = \pm\sqrt{3}$ となるから, この曲線と x 軸との交点は $(\sqrt{3}, 0), (-\sqrt{3}, 0)$ である. 以上のことから, このグラフの概形は図のようになる.

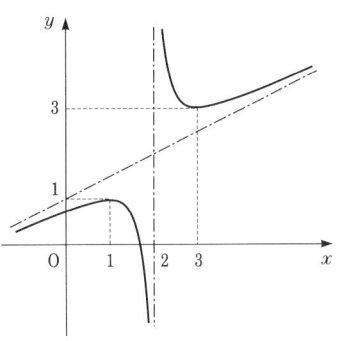

2. $n = 1, 2, 3, \cdots$ とする.

(1) $y' = \cosh x,\ y'' = \sinh x,\ \cdots,\ y^{(2n)} = \sinh x,\ y^{(2n+1)} = \cosh x$

(2) $y' = \sinh x,\ y'' = \cosh x,\ \cdots,\ y^{(2n)} = \cosh x,\ y^{(2n+1)} = \sinh x$

3. $n = 1, 2, 3, \cdots$ とする.

(1) $y' = \log(1+x) + \dfrac{x}{1+x},\ y^{(n)} = (-1)^{n-2}(n-2)!\,\dfrac{n+x}{(1+x)^n}\ (n \geq 2)$

(2) $y^{(n)} = x^2 2^{n-1} \sin\!\left(2x + \dfrac{n-1}{2}\pi\right) + 2nx\,2^{n-2} \sin\!\left(2x + \dfrac{n-2}{2}\pi\right)$
$\qquad + n(n-1)2^{n-3}\sin\!\left(2x + \dfrac{n-3}{2}\pi\right)\ (n \geq 3),\ y',\ y''$ は省略.

4. $0 < \theta < 1$ とする.

(1) $e^{2x} = 1 + 2x + \dfrac{2^2}{2!}x^2 + \cdots + \dfrac{2^{n-1}}{(n-1)!}x^{n-1} + \dfrac{2^n e^{2\theta x}}{n!}x^n$

(2) $\log(1+x) = x - \dfrac{x^2}{2} + \dfrac{x^3}{3} - \cdots + (-1)^{n-2}\dfrac{x^{n-1}}{n-1}$
$\quad + (-1)^{n-1}\dfrac{x^n}{n(1+\theta x)^n}$

5. (1) $\sinh x = \dfrac{1}{2}(e^x - e^{-x}) = x + \dfrac{x^3}{3!} + \dfrac{x^5}{5!} + \cdots + \dfrac{x^{2n-1}}{(2n-1)!}$
$\quad + \cdots\quad (-\infty < x < \infty)$

(2) $\cosh x = \dfrac{1}{2}(e^x + e^{-x}) = 1 + \dfrac{x^2}{2!} + \dfrac{x^4}{4!} + \cdots + \dfrac{x^{2n}}{(2n)!}$
$\quad + \cdots\quad (-\infty < x < \infty)$

§7

練習問題 7

1. (1) $\displaystyle\lim_{n\to\infty}\dfrac{1 + 2^k + \cdots + n^k}{n^{k+1}} = \lim_{n\to\infty}\dfrac{1}{n}\!\left(\!\left(\dfrac{1}{n}\right)^k + \left(\dfrac{2}{n}\right)^k + \cdots + \left(\dfrac{n}{n}\right)^k\right)$
$\qquad\qquad = \displaystyle\int_0^1 x^k\,dx = \left[\dfrac{x^{k+1}}{k+1}\right]_0^1 = \dfrac{1}{k+1}$

(2) $\displaystyle\lim_{n\to\infty}\dfrac{1}{n}\!\left(\!\left(1+\dfrac{1}{n}\right)^2 + \left(1+\dfrac{2}{n}\right)^2 + \cdots + \left(1+\dfrac{n}{n}\right)^2\right) = \int_0^1 (1+x)^2\,dx$
$\qquad\qquad\qquad\qquad\qquad = \dfrac{1}{3}\!\left[(1+x)^3\right]_0^1 = \dfrac{7}{3}$

2. 右辺において, 次のように式の変形を実行する.
$$\sum_{k=0}^{n-1}(1-x)^k = \dfrac{1-(1-x)^n}{1-(1-x)} = \sum_{k=1}^{n}(-1)^{k-1}\,{}_nC_k\,x^{k-1}.$$

3. (1) $f'(x) = \dfrac{x^2 - x + 1}{x^2 + x + 1}$

(2) $f'(x) = 2 \cdot \dfrac{\sin(2x)}{2x} = \dfrac{\sin(2x)}{x}$

(3) $f(x) = \displaystyle\int_0^{x^2} \sqrt{1+t^2}\, dt - \int_0^x \sqrt{1+t^2}\, dt$ だから $f'(x) = 2x\sqrt{1+x^4}$
$- \sqrt{1+x^2}$

4. 関数 $f(x) = \dfrac{1}{2x+1}$ は $[0, +\infty)$ で正値,かつ単調減少だから
$$\dfrac{1}{2a+3} = f(a+1) < \int_a^{a+1} f(x)\, dx < f(a) = \dfrac{1}{2a+1}.$$

§8

問 8.1 公式による.

(1) $\dfrac{2}{5}x^{\frac{5}{2}} + 2x^{\frac{1}{2}} + C$ (2) $\dfrac{3}{5}x^5 + \dfrac{2}{3}x^3 + \dfrac{1}{2}x^2 + x + C$

(3) $\dfrac{1}{2}x - \dfrac{1}{4}\sin 2x + C$

問 8.2 置換積分法による.

(1) $\dfrac{\sin^3 t}{3} + C$ ($x = \sin t,\ dx = \cos t\, dt$)

(2) $\dfrac{-1}{5(3t+5)^5} + C$ ($x = 3t+5,\ dx = 3\, dt$)

問 8.3 部分積分法による.

(1) $\dfrac{x^2}{2}\left(\log x - \dfrac{1}{2}\right) + C$ ($f(x) = \log x,\ g'(x) = x$)

(2) $(2-x^2)\cos x + 2x\sin x + C$ ($f(x) = x^2,\ g'(x) = \sin x$)

(3) $\dfrac{1}{2}(x\sqrt{x^2+3} + 3\log|x + \sqrt{x^2+3}|) + C$:例題 8.4 (4) による.

問 8.4 部分分数分解を利用する.

(1) $\log|x-1|^3 - \dfrac{3}{x-1} + C : \dfrac{3x}{(x-1)^2} = \dfrac{3}{x-1} + \dfrac{3}{(x-1)^2}$

(2) $\log\left|\dfrac{(x-3)^2}{x-1}\right| + C : \dfrac{x+1}{x^2-4x+3} = \dfrac{-1}{x-1} + \dfrac{2}{x-3}$

(3) $\sqrt{3}\left(\arcsin\dfrac{\sqrt{2}\,x}{2} + \dfrac{x\sqrt{2-x^2}}{2}\right) + C$:例題 8.6 (2) による.

練習問題 8

1. (1) $\dfrac{1}{2}x + \dfrac{1}{4}\sin 2x + C : \cos^2(x) = \dfrac{1+\cos 2x}{2}$

(2) $\dfrac{\sin 6x}{12} + \dfrac{\sin 2x}{4} + C : \cos 2x \cos 4x = \dfrac{1}{2}(\cos 6x + \cos 2x)$

(3) $-\dfrac{1}{2}\cos(2x+1) + C$

2. 合成関数の微分公式による．

(1) $y = \dfrac{1}{2a}\log|z|,\ z = \dfrac{x-a}{x+a}$ とおけば $\dfrac{dy}{dx} = \dfrac{dy}{dz}\cdot\dfrac{dz}{dx} = \dfrac{1}{x^2-a^2}$

(2) $y = \dfrac{1}{a}\arctan z,\ z = \dfrac{x}{a}$ とおけば $\dfrac{dy}{dx} = \dfrac{dy}{dz}\cdot\dfrac{dz}{dx} = \dfrac{1}{x^2+a^2}$

3. 上の公式による．

(1) $\dfrac{\sqrt{5}}{10}\log\left|\dfrac{x-\sqrt{5}}{x+\sqrt{5}}\right| + C$　　(2) $\dfrac{1}{3}\arctan\dfrac{x}{3} + C$

(3) $\dfrac{1}{4}\arctan 4x + C$

4. 合成関数の微分公式による．

$y = \arcsin z,\ z = \dfrac{x}{a}$ とおけば $\dfrac{dy}{dx} = \dfrac{dy}{dz}\cdot\dfrac{dz}{dx} = \dfrac{1}{\sqrt{a^2-x^2}}$

5. (1) $\arcsin\dfrac{x}{2} + C$　　(2) $\dfrac{\sqrt{2}}{2}\log|x+\sqrt{x^2-2}| + C$

(3) $\log|x+\sqrt{x^2+7}| + C$

6. (1) $2\arcsin\dfrac{x}{2} + \dfrac{x}{2}\sqrt{4-x^2} + C$

(2) $\dfrac{\sqrt{2}}{2}(x\sqrt{x^2-2} - 2\log|x+\sqrt{x^2-2}|) + C$

(3) $\dfrac{1}{2}\left(x-\dfrac{1}{2}\right)\sqrt{x^2-x+1} + \dfrac{3}{8}\log\left|x-\dfrac{1}{2}+\sqrt{x^2-x+1}\right| + C$

§9

練習問題 9

1. (1) $V = \pi\displaystyle\int_0^\pi \sin^2 x\,dx = \pi\int_0^\pi \dfrac{1-\cos 2x}{2}\,dx = \pi\left[\dfrac{x}{2}-\dfrac{1}{4}\sin 2x\right]_0^\pi = \dfrac{\pi^2}{2}$

(2) $V = \pi\displaystyle\int_{-a}^a (x^2+a^2)\,dx = \pi\left[\dfrac{x^3}{3}+a^2x\right]_{-a}^a = \dfrac{8}{3}\pi a^3$

2. (1) $\ell = \displaystyle\int_0^2 \sqrt{1+(\sinh x)^2}\,dx = \int_0^2 \cosh x\,dx = \Big[\sinh x\Big]_0^2 = \sinh 2$

(2)

$\ell = a\displaystyle\int_0^{2\pi}\sqrt{\{-\sin\theta\cos\theta-\sin\theta(1+\cos\theta)\}^2+\{-\sin\theta\sin\theta+\cos\theta(1+\cos\theta)\}^2}\,d\theta$

$= a\displaystyle\int_0^{2\pi}\sqrt{(\sin 2\theta+\sin\theta)^2+(\cos 2\theta+\cos\theta)^2}\,d\theta = a\int_0^{2\pi}\sqrt{2+2\cos(2\theta-\theta)}\,d\theta$

$= 2a\displaystyle\int_0^{2\pi}\left|\cos\dfrac{\theta}{2}\right|d\theta = 4a\int_0^{\pi}\cos\dfrac{\theta}{2}\,d\theta = 8a\Big[\sin\dfrac{\theta}{2}\Big]_0^\pi = 8a$

3. $\ell = \displaystyle\int_{-2}^2\sqrt{1+(2x)^2}\,dx = 2\int_{-2}^2\sqrt{x^2+\dfrac{1}{4}}\,dx$

$= \left[x\sqrt{x^2+\dfrac{1}{4}}+\dfrac{1}{4}\log\left|x+\sqrt{x^2+\dfrac{1}{4}}\right|\right]_{-2}^2 = 2\sqrt{17}+\dfrac{1}{2}\log(4+\sqrt{17})$

4. $S = \dfrac{1}{2}\int_0^{2\pi} a^2(1+\cos\theta)^2\,d\theta = \dfrac{a^2}{2}\int_0^{2\pi}\Big(1+2\cos\theta+\dfrac{1+\cos 2\theta}{2}\Big)d\theta$

$= \dfrac{a^2}{2}\Big[\theta + 2\sin\theta + \dfrac{\theta}{2} + \dfrac{1}{4}\sin 2\theta\Big]_0^{2\pi} = \dfrac{3}{2}\pi a^2$

§10

問 10.1 （1） $\displaystyle\int_0^1 x\log x\,dx = \lim_{\varepsilon\to +0}\int_\varepsilon^1 x\log x\,dx = \lim_{\varepsilon\to +0}\Big\{\Big[\dfrac{x^2}{2}\log x\Big]_\varepsilon^1 - \int_\varepsilon^1 \dfrac{x}{2}\,dx\Big\}$

$= -\dfrac{1}{4}$

（2） $a\neq 1$ のとき，$\displaystyle\int_\varepsilon^1\dfrac{dx}{x^a} = \dfrac{1}{1-a}\Big[x^{1-a}\Big]_\varepsilon^1$. よって, $0<a<1$ のとき $\displaystyle\int_0^1\dfrac{dx}{x^a}$

$=\dfrac{1}{1-a}$, $a>1$ のとき発散. $a=1$ のとき $\displaystyle\int_\varepsilon^1\dfrac{dx}{x} = \Big[\log x\Big]_\varepsilon^1$ より $\displaystyle\int_0^1\dfrac{dx}{x}$ は発散.

問 10.2 （1） $y=e^{2x}$ として置換積分を実行する：

$$\int_0^\infty \dfrac{dx}{e^{2x}+1} = \lim_{M\to\infty}\int_0^M \dfrac{dx}{e^{2x}+1} = \lim_{M\to\infty}\int_1^{e^{2M}}\dfrac{dy}{2y(y+1)}$$

$$= \lim_{M\to\infty}\Big[\dfrac{1}{2}\log\Big|\dfrac{y}{y+1}\Big|\Big]_1^{e^{2M}} = \dfrac{1}{2}\log 2$$

（2） $a>1$ のとき $\dfrac{1}{a-1}$, $0<a\leq 1$ のとき発散.

問 10.3 （1） 部分積分法により

$$pB(p,q) = p\Big\{\Big[\dfrac{x^p}{p}(1-x)^{q-1}\Big]_0^1 + \dfrac{q-1}{p}\int_0^1 x^p(1-x)^{q-2}\,dx\Big\}$$

$$= (q-1)B(p+1,q-1)$$

また，条件を満たす p,q に対して

$$B(p,q) = \dfrac{q-1}{p}B(p+1,q-1) = \cdots$$

$$= \dfrac{q-1}{p}\cdot\dfrac{q-2}{p+1}\cdots\cdots\dfrac{1}{p+q-2}\cdot B(p+q-1,1)$$

$$= \dfrac{(p-1)!(q-1)!}{(p+q-1)!}$$

（2） 部分積分法により

$$\int_0^M e^{-x}x^p\,dx = \Big[-e^{-x}x^p\Big]_0^M + p\int_0^M e^{-x}x^{p-1}\,dx.$$

ここで $-e^{-M}M^p \to 0$ （$M\to\infty$）であるから

$$\Gamma(p+1) = \int_0^\infty e^{-x}x^p\,dx = p\int_0^\infty e^{-x}x^{p-1}\,dx = p\Gamma(p).$$

また $\Gamma(1)=1$ なので p が正の整数ならば $\Gamma(p)=(p-1)!$.

練習問題 10

1. (1) $\int_0^a \frac{dx}{\sqrt{a-x}} = \lim_{\varepsilon \to +0} \int_0^{a-\varepsilon} \frac{dx}{\sqrt{a-x}} = \lim_{\varepsilon \to +0} \left[-2\sqrt{a-x} \right]_0^{a-\varepsilon} = 2\sqrt{a}$

(2) $\int_0^{\frac{1}{2}} \frac{-2x+1}{x(1-x)} dx = \lim_{\varepsilon \to +0} \int_\varepsilon^{\frac{1}{2}} \frac{-2x+1}{x(1-x)} dx = \lim_{\varepsilon \to +0} \int_\varepsilon^{\frac{1}{2}} \left(\frac{1}{x} + \frac{1}{x-1} \right) dx$
$= \lim_{\varepsilon \to +0} \left[\log|x| + \log|x-1| \right]_\varepsilon^{\frac{1}{2}} : 発散$

(3) $\int_0^1 (\log x + 1) dx = \lim_{\varepsilon \to +0} \int_\varepsilon^1 (\log x + 1) dx = \lim_{\varepsilon \to +0} \left[x \log x \right]_\varepsilon^1$
$= -\lim_{\varepsilon \to +0} \varepsilon \log \varepsilon = 0$

(4) $\int_0^\infty x e^{-x^2} dx = \lim_{M \to \infty} \int_0^M x e^{-x^2} dx = \lim_{M \to \infty} \left[-\frac{1}{2} e^{-x^2} \right]_0^M = \frac{1}{2}$

2. (1) $B\left(\frac{1}{2}, 1\right) = \int_0^1 x^{-\frac{1}{2}} dx = \lim_{\varepsilon \to +0} \int_\varepsilon^1 x^{-\frac{1}{2}} dx = \lim_{\varepsilon \to +0} \left[2x^{\frac{1}{2}} \right]_\varepsilon^1 = 2$

(2) $B\left(2, \frac{1}{2}\right) = \int_0^1 x(1-x)^{-\frac{1}{2}} dx = \lim_{\varepsilon \to +0} \int_0^{1-\varepsilon} x(1-x)^{-\frac{1}{2}} dx$
$= \lim_{\varepsilon \to +0} \left\{ \left[-2x(1-x)^{\frac{1}{2}} \right]_0^{1-\varepsilon} + 2 \int_0^{1-\varepsilon} (1-x)^{\frac{1}{2}} dx \right\} = \frac{4}{3}$

§11

問 11.1

(1) 3式 $y_0 = ah^2 - bh + c$, $y_1 = c$, $y_2 = ah^2 + bh + c$ を満たす a, b, c を求めると $a = \frac{1}{2h^2}(y_0 + y_2 - 2y_1)$, $b = \frac{1}{2h}(y_2 - y_0)$, $c = y_1$ である.

(2) $\frac{h}{3}(y_0 + 4y_1 + y_2)$

(3) $f(x) = px^2 + qx + r$ とし, $x = t + x_1$ とおく. このとき $f(x) = f(t + x_1)$
$= pt^2 + (2px_1 + q)t + (px_1^2 + qx_1 + r)$ であり, t に関して高々 2 次の関数 $y = f(t + x_1)$ は 3 点 $(-h, y_0)$, $(0, y_1)$, (h, y_2) を通る. よって (2) より $\int_{-h}^{h} f(t + x_1) dt$
$= \frac{h}{3}(y_0 + 4y_1 + y_2)$ である. ここで $\int_{-h}^{h} f(t + x_1) dt = \int_{x_0}^{x_2} f(x) dx$ であるから $\int_{x_0}^{x_2} f(x) dx = \frac{h}{3}(y_0 + 4y_1 + y_2)$ である.

問 11.2

- 定理 11.1 (1) の第 1 式より

$$|M_n - I| \leq \sum_{j=1}^{n} \left| 2h y_{2j-1} - \int_{x_{2j-2}}^{x_{2j}} f(x) dx \right| \leq \sum_{j=1}^{n} \frac{A}{24} (2h)^3 = \frac{A}{24 n^2} (b-a)^3$$

- 定理 11.1 (1) の第 2 式より

$$|T_n - I| \leq \sum_{j=1}^{n}\left|2h\frac{y_{2j-2}+y_{2j}}{2} - \int_{x_{2j-2}}^{x_{2j}} f(x)\,dx\right| \leq \sum_{j=1}^{n}\frac{A}{12}(2h)^3 = \frac{A}{12n^2}(b-a)^3$$

● 定理 11.1 (1) の第 3 式より
$$|S_n - I| \leq \sum_{j=1}^{n}\left|\frac{2h}{6}(y_{2j-2}+4y_{2j-1}+y_{2j}) - \int_{x_{2j-2}}^{x_{2j}} f(x)\,dx\right|$$
$$\leq \sum_{j=1}^{n}\frac{A}{36}(2h)^3 = \frac{A}{36n^2}(b-a)^3$$

● 定理 11.1 (2) より
$$|S_n - I| \leq \sum_{j=1}^{n}\left|\frac{2h}{6}(y_{2j-2}+4y_{2j-1}+y_{2j}) - \int_{x_{2j-2}}^{x_{2j}} f(x)\,dx\right|$$
$$\leq \sum_{j=1}^{n}\frac{B}{2880}(2h)^5 = \frac{B}{2880n^4}(b-a)^5$$

練習問題 11

1. $M_{10} \fallingdotseq 1.0971422$, $T_{10} \fallingdotseq 1.1015623$, $S_{10} \fallingdotseq 1.098615566\cdots \fallingdotseq 1.0986156$. 次に誤差について考える. $f(x) = \dfrac{1}{1+x}$ に対して, $f''(x) = \dfrac{2!}{(1+x)^3}$, $f^{(4)}(x) = \dfrac{4!}{(1+x)^5}$ であるから, 区間 $[0,2]$ 上で, $|f''(x)| \leq 2$, $|f^{(4)}(x)| \leq 24$ である. よって, 定理 11.2 より, (1) $|M_{10} - I| \leq \dfrac{1}{150}$, $|T_{10} - I| \leq \dfrac{1}{75}$, $|S_{10} - I| \leq \dfrac{1}{225}$, (2) $|S_{10} - I| \leq \dfrac{1}{37500}$ である. また, 本文の注意より $|M_{10} - 1.0971422|$, $|T_{10} - 1.1015623|$ は 10^{-6} 以下, $|S_{10} - 1.0986156|$ は 1.05×10^{-6} 以下である. したがって, $|I - 1.0971422| < 0.0066677$, $|I - 1.1015623| < 0.0133344$, $|I - 1.0986156| < 0.0000278$ である. 最後の不等式より $1.0985878 < \log 3 < 1.0986434$ を得る.

2. $M_{50} \fallingdotseq 0.785406496728$, $T_{50} \fallingdotseq 0.78538149673$, $S_{50} \fallingdotseq 0.78539816339533\cdots \fallingdotseq 0.78539816340$. 次に, シンプソン公式を用いたときの誤差について考える. $f(x) = \dfrac{1}{1+x^2}$ とおくと, $f^{(4)}(x) = \dfrac{24(1-10x^2+5x^4)}{(1+x^2)^5}$, $f^{(5)}(x) = \dfrac{-240(x^2-3)(3x^2-1)}{(1+x^2)^6}$ であるから, 定理 11.2 における B として 24 がとれることがわかる. よって $|S_{50} - I| \leq \dfrac{1}{750000000}$ である. また, 本文の注意より $|S_{50} - 0.78539816340| \leq 0.55 \times 10^{-10}$ である. よって, $|I - 0.78539816340| < 0.00000000139$ である. よって $|\pi - 3.14159265360| < 0.00000000556$ である. これより $3.14159264804 < \pi < 3.14159265916$ を得る.

§12

練習問題 12

1. n 番目までの部分和を S_n とする．偶数番目だけからなる数列 $\{S_{2n}\}$ と奇数番目だけからなる数列 $\{S_{2n-1}\}$ を考える．仮定から $\{S_{2n}\}$ と $\{S_{2n-1}\}$ は有界な単調数列となる．したがって，それぞれある実数 α, β に収束する．一方，$S_{2n} - S_{2n-1} = -a_{2n} \to 0$ ($n \to \infty$) であるから，$\alpha = \beta$ となる．したがって，$\{S_n\}$ は α ($= \beta$) に収束する．

2. (1) 整級数 $\sum_{n=0}^{\infty} a_{n+1} x^n$ を考える．このとき
$$\lim_{n \to \infty} \sqrt[n]{a_{n+1}} = \lim_{n \to \infty} ((a_{n+1})^{\frac{1}{n+1}})^{\frac{n+1}{n}} = r^1 = r$$
だから定理 12.6 (1) より，収束半径 R は $\dfrac{1}{r}$ になる．もし，$r < 1$ ならば $R > 1$ となる．特に，$x = 1$ を代入して得られる級数は収束する．もし，$r > 1$ ならば $R < 1$ となり，$x = 1$ を代入して得られる級数は発散する．同様にして (2) も示せる．

§13

練習問題 13

1. 任意の実数 a に対し，$\int_a^{a+2\pi} f(x)\,dx = \int_a^{2\pi} f(x)\,dx + \int_{2\pi}^{a+2\pi} f(x)\,dx$ である．第 2 項において $x = 2\pi + t$ なる変数変換を行い，$f(x)$ が周期 2π であることを用いると
$$\int_{2\pi}^{a+2\pi} f(x)\,dx = \int_0^a f(2\pi + t)\,dt = \int_0^a f(x)\,dx$$
となる．したがって，
$$\int_a^{a+2\pi} f(x)\,dx = \int_a^{2\pi} f(x)\,dx + \int_0^a f(x)\,dx = \int_0^{2\pi} f(x)\,dx.$$

2. $K_n(x)$ の定義式より
$$\frac{1}{\pi}\int_{-\pi}^{\pi} K_n(x)\,dx = \frac{1}{n+1}\left\{\frac{1}{\pi}\int_{-\pi}^{\pi} \frac{1}{2}\,dx + \frac{1}{\pi}\sum_{k=1}^{n}\int_{-\pi}^{\pi} D_k(x)\,dx\right\}$$
であるから，例題 13.1 (1) より，$\dfrac{1}{\pi}\int_{-\pi}^{\pi} K_n(x)\,dx = 1$ を得る．また，$0 < \delta < \pi$ に対し，$0 < \sin\dfrac{\delta}{2} < 1$ より
$$\int_\delta^\pi K_n(x)\,dx \leq \frac{1}{2(n+1)\sin^2\dfrac{\delta}{2}}\int_\delta^\pi \left(\sin\frac{n+1}{2}x\right)^2 dx \leq \frac{\pi}{2(n+1)\sin^2\dfrac{\delta}{2}}$$
となる．したがって，$\lim_{n \to \infty}\int_\delta^\pi K_n(x)\,dx = 0$.

3. 結論が成り立たないとすれば，$\{y_n\}$ の部分列 $\{y_{n_k}\}$ と数列 $\{x_k\} \subset [0, 2\pi]$ が存在

して
$$\lim_{k\to\infty} |f(x_k + y_{n_k}) - f(x_k)| = a > 0$$
となる．このとき，必要なら部分列をとることにすれば，$x_k \to x_0$, $y_{n_k} \to 0$ としてよい．したがって，これと $f(x)$ が連続関数であることを考えると
$$a = \lim_{k\to\infty} |f(x_k + y_{n_k}) - f(x_k)| = |f(x_0) - f(x_0)| = 0 \neq a$$
となり，矛盾．ゆえに，結論が成立する．

4. 関数 $f(x)$ は，$(-\pi, \pi)$ で x であるからフーリエ係数は，
$$a_n = \frac{1}{\pi}\int_{-\pi}^{\pi} x \cos nx \, dx = 0, \quad b_n = \frac{1}{\pi}\int_{-\pi}^{\pi} x \sin nx \, dx = (-1)^{n-1}\frac{2}{n}$$
である．よって $f(x)$ のフーリエ級数は，
$$f(x) \sim \sum_{n=1}^{\infty} (-1)^{n-1} \frac{2}{n} \sin nx.$$

5. 関数 $f(x)$ は $[-\pi, 0)$ で $\pi + 2x$ で，$[0, \pi)$ で $\pi - 2x$ より，$f(x)$ のフーリエ係数は
$$a_n = \frac{1}{\pi}\left\{\int_{-\pi}^{0} (\pi + 2x)\cos nx \, dx + \int_{0}^{\pi} (\pi - 2x)\cos nx \, dx\right\}$$
$$= \begin{cases} 0 & (n\text{ が偶数}), \\ \dfrac{8}{\pi n^2} & (n\text{ が奇数}), \end{cases}$$
$$b_n = \frac{1}{\pi}\left\{\int_{-\pi}^{0} (\pi + 2x)\sin nx \, dx + \int_{0}^{\pi} (\pi - 2x)\sin nx \, dx\right\} = 0$$
である．また $f(x)$ は各点 x で連続であるから定理 13.5 より
$$f(x) = \lim_{n\to\infty} S_n(x) = \frac{8}{\pi} \sum_{n=1}^{\infty} \frac{\cos(2n-1)x}{(2n-1)^2}.$$
となる．特に $x = 0$ とすれば，$\pi = \dfrac{8}{\pi}\sum_{n=1}^{\infty}\dfrac{1}{(2n-1)^2}$ である．さらに，
$$\sum_{n=1}^{\infty}\frac{1}{n^2} = \sum_{n=1}^{\infty}\frac{1}{(2n-1)^2} + \sum_{n=1}^{\infty}\frac{1}{(2n)^2} = \sum_{n=1}^{\infty}\frac{1}{(2n-1)^2} + \frac{1}{4}\sum_{n=1}^{\infty}\frac{1}{n^2}.$$
したがって
$$\sum_{n=1}^{\infty}\frac{1}{n^2} = \frac{4}{3}\sum_{n=1}^{\infty}\frac{1}{(2n-1)^2} = \frac{\pi^2}{6}.$$

§14

問 **14.1** (1) $y' = abe^{ax} = ay$. $\therefore\ y' = ay$.

（2） $y' = k(b\cosh kx + c\sinh kx)$, $y'' = k^2(b\sinh kx + c\cosh kx) = k^2 y$.
∴ $y'' = k^2 y$.

問 **14.2**　（1）　$y = x^2 + C$　　（2）　$y = \dfrac{1}{3}\sin 3x + \cos x + C$

（3）　$2yy' = 2x$ より $y^2 = x^2 + C$

（4）　$y \neq 0$ のとき $\dfrac{1}{y}y' = 2x$ であり $\log|y| = x^2 + C$ から $y = \pm e^C e^{x^2}$. よって $y = Ae^{x^2}$（A は任意定数. $y = 0$ を含む）.

（5）　$1 - y^2 \neq 0$ のとき $\dfrac{1}{2}\left(\dfrac{1}{1+y} + \dfrac{1}{1-y}\right)y' = 1$ より, $\log|1+y| - \log|y-1| = 2x + C$ であり $\log\left|\dfrac{y+1}{y-1}\right| = 2x + C$. よって, $\dfrac{y+1}{y-1} = \pm e^C e^{2x}$. したがって, $\dfrac{y+1}{y-1} = Ae^{2x}$（$A \neq 0$ なる任意定数）. これより $y = \dfrac{Ae^{2x}+1}{Ae^{2x}-1}$. これは $A = 0$ で $y = -1$ を含む. また $A = \pm\infty$ と解釈すれば $y = 1$ も含む. 答：$y = \dfrac{Ae^{2x}+1}{Ae^{2x}-1}$.

問 **14.3**　（1）　$y' = y$ より $y = Ce^x$. $c'(x)e^x = x$ より $c(x) = \int xe^{-x}dx + C = -e^{-x}(x+1) + C$. よって $y = e^x(-e^{-x}(x+1) + C) = -(x+1) + Ce^x$.

（2）　$y' = 2xy$ より $y = Ce^{x^2}$. $c'(x) = xe^{-x^2}$ より $c(x) = -\dfrac{1}{2}e^{-x^2} + C$. よって解は $y = -\dfrac{1}{2} + Ce^{x^2}$.

問 **14.4**　ヒント：一方が他方の定数倍で書き表せないことを見る.

問 **14.5**　（1）　特性方程式の解は $-2, 1$.　　答：$y = C_1 e^{-2x} + C_2 e^x$.

（2）　特性方程式の解は 1.　　答：$y = C_1 e^x + C_2 xe^x$.

（3）　特性方程式の解は $1 \pm 2i$.　　答：$y = C_1 e^x \cos 2x + C_2 e^x \sin 2x$.

問 **14.6**　（1）　$y = ax^2 + bx + c$ とおく.　　答：$y = -\dfrac{1}{2}x^2 + \dfrac{1}{2}x - \dfrac{3}{4}$.

（2）　$y = ae^x$ とおく.　　答：$y = e^x$.

（3）　$y = a\sin x + b\cos x$ とおく.　　答：$y = -\dfrac{1}{5}(2\sin x + \cos x)$.

（4）　$y'' - 2y' - 3y = -x$, $y'' - 2y' - 3y = e^{2x}$ の特殊解をそれぞれ求めると, $y = \dfrac{1}{9}(3x - 2)$, $y = -e^{2x}$ となる. 答：$y = \dfrac{1}{9}(3x - 2) - e^{2x}$.

練習問題 14

1.　（1）　$y = -\dfrac{1}{5}e^{-5x} + \log|x| + C$　　（2）　$y = \arctan x + C$

（3）　$2yy' = 2\dfrac{1}{x}$ より $y^2 = 2\log|x| + C$

（4）　$y \neq 0$ のとき $\dfrac{1}{y}y' = \dfrac{1}{x}$ から $\log|y| = \log|x| + C$, $\log\left|\dfrac{y}{x}\right| = C$. よって, $y = \pm e^C x$. したがって, $y = Ax$（A は任意定数として $y = 0$ を含む）.

注意　$y \neq 0$ のとき $x \neq 0$.

2.　（1）　$z = x - y$ より $z' = 1 - y'$ を代入して $1 - z' = z + 2$, $z' = -(z+1)$. よ

って，$\dfrac{1}{z+1}z' = -1$．これを解いて，$z+1 = Ae^{-x}$（A を任意とすれば，$z+1 = 0$ を含む）．よって $y = x + 1 + Ce^{-x}$．

(2) $z' = y''$ より $xz' = z$ を解く．$z = C_1 x$．さらに積分して $y = C_1 x^2 + C_2$．

(3) $y' = z + xz'$ より $z' = \dfrac{1}{x}$．これより $y = x(\log|x| + C)$．

3. (1) $y' = y$ より $y = Ce^x$．$c'(x)e^x = -1$．よって $c(x) = e^{-x} + C$．したがって解は $y = e^x(e^{-x} + C) = 1 + Ce^x$．

(2) $xy' = y$ より $y = C_1 x$．$c'(x)x = \dfrac{1}{x}$ より $c(x) = -\dfrac{1}{x} + C$．よって解は $y = Cx - 1$．

4. (1) 特性方程式の解は $-2, -1$．　答：$y = C_1 e^{-2x} + C_2 e^{-x}$．

(2) 特性方程式の解は -1，　答：$y = C_1 e^{-x} + C_2 x e^{-x}$．

(3) 特性方程式の解は $-1 \pm i$．　答：$y = C_1 e^{-x} \cos x + C_2 e^{-x} \sin x + \dfrac{2}{5} e^x$．

補充問題

§1

1.1 （1）∞　（2）0　（3）9　（4）1　（5）6　（6）2　（7）$\dfrac{1}{2}$

1.2 （1）$S_n = \dfrac{n(n+1)(2n+1)}{6}$　（2）$S_n = \left(\dfrac{n(n+1)}{2}\right)^2$

（3）$a_n = \dfrac{1}{n^2} - \dfrac{1}{(n+1)^2}$ より　$S_n = 1 - \dfrac{1}{(n+1)^2}$

（4）$a_n = \dfrac{1}{n!} - \dfrac{1}{(n+1)!}$ より　$S_n = 1 - \dfrac{1}{(n+1)!}$

1.3 等式 $\dfrac{1}{k(k-1)} = \dfrac{1}{k-1} - \dfrac{1}{k}$ を利用して $\sum_{k=2}^{n} \dfrac{1}{k(k-1)} = 1 - \dfrac{1}{n} \leqq 1$ を得る．よって $S_n = \sum_{k=1}^{n} \dfrac{1}{k^2}$ とすれば，数列 $\{S_n\}$ は単調増加で $S_n \leqq 1 + \sum_{k=2}^{n} \dfrac{1}{k(k-1)} \leqq 2$ となる．したがって定理 1.3 より求める級数は収束する．

1.4 （1）0　（2）1　（3）0　（4）2　（5）$-\dfrac{1}{4}$

1.5 $a = -4,\ b = -5$

1.6 $f(+0) = \infty,\ f(-0) = -\infty$

§2

2.1 $a = -6,\ b = 17,\ c = 9$．

2.2 関数 $g(x)$ を $g(x) = -x$ で定める．$g'(x) = -1$ である．$f(x)$ を偶関数とする．$f(g(x)) = f(x)$，つまり $(f \circ g)(x) = f(x)$ が成り立つ．この式の両辺を微分することにより $f'(g(x))g'(x) = f'(x)$，したがって $f'(-x) = -f'(x)$ を得る．この式は $f'(x)$ が奇関数であることを示している．$f(x)$ が奇関数の場合も，同様にして証明することができる．

2.3 （1）関数 $f(x) = 2x + 1$ の定義域は $1 < x < 4$ であるから値域は $3 < x < 9$ である．これらのことを次によって表示しよう．

$$y = 2x + 1, \quad 1 < x < 4, \quad 3 < y < 9. \tag{i}$$

逆関数は (i) に対して以下の手続きを行うことによって得られる．(i) で x を y と，y を x と書き換える．
$$x = 2y + 1, \quad 1 < y < 4, \quad 3 < x < 9. \qquad (\text{ii})$$
$x = 2y + 1$ を y について解き，(ii) の第2項と第3項を交換する．
$$y = \frac{x-1}{2}, \quad 3 < x < 9, \quad 1 < y < 4.$$
このとき，関数 $f(x) = 2x + 1$ の逆関数は $f^{-1}(x) = \dfrac{x-1}{2}$ である．またその定義域は $3 < x < 9$ である．$(f^{-1}(x))' = \dfrac{1}{2}$，$f'(x) = 2$ である．これらより $(f^{-1}(x))'$ が $\dfrac{1}{f'(f^{-1}(x))}$ に一致することがわかる．

（2）上と同様にすることによって，逆関数は $f^{-1}(x) = \dfrac{1 + \sqrt{4x-7}}{2}$，その定義域は $2 < x < 8$ であることがわかる．
$$(f^{-1}(x))' = \left(\frac{1 + \sqrt{4x-7}}{2}\right)' = \frac{1}{\sqrt{4x-7}}$$
である．一方，$f'(x) = 2x - 1$ であるから $f'(f^{-1}(x)) = 2f^{-1}(x) - 1 = \sqrt{4x-7}$ である．

（3）逆関数は $f^{-1}(x) = \dfrac{1 - \sqrt{4x-7}}{2}$，その定義域は $4 < x < 32$ である．

§3

3.1 （1）$\sin x + x \cos x$ （2）$\cos x - x \sin x$
（3）$\tan x + \dfrac{x}{\cos^2 x}$ （4）$2x \sin \dfrac{1}{x} - \cos \dfrac{1}{x}$ （5）$2x \cos \dfrac{1}{x} + \sin \dfrac{1}{x}$
（6）$2x \tan \dfrac{1}{x} - \left(\cos^2 \dfrac{1}{x}\right)^{-1}$

3.2 （1）$-\dfrac{\cos^3 x}{\sin^2 x}$ （2）$\dfrac{\sin^3 x}{\cos^2 x}$ （3）$\dfrac{\sin^2 x - \cos^2 x}{\sin^2 x \cos^2 x}$

3.3 （1）$f(x) = x - \arcsin x$ とする．$f(0) = 0$ かつ $f'(x) = 1 - \dfrac{1}{\sqrt{1-x^2}} < 0$ $(0 < x < 1)$ より $f(x) < 0$ $(0 < x < 1)$．

（2）$f(x) = x - \arctan x$ とする．$f(0) = 0$ かつ $f'(x) = 1 - \dfrac{1}{1+x^2} = \dfrac{x^2}{1+x^2} > 0$ $(x > 0)$ より $f(x) > 0$ $(x > 0)$．

3.4 $\theta = \arccos x$ とする．$\sin\left(\dfrac{\pi}{2} - \theta\right) = x$ となり x についての仮定より $0 \leqq \theta \leqq \dfrac{\pi}{2}$ となる．よって $\arcsin x + \arccos x = \left(\dfrac{\pi}{2} - \theta\right) + \theta = \dfrac{\pi}{2}$．

§4

4.1 （1） $f(x) = x - \log(1+x)$ とする．$f(0) = 0$ かつ $f'(x) = 1 - \dfrac{1}{1+x} > 0$（$x > 0$）より，$f(x) > 0$（$x > 0$）．

（2） $f(x) = e^x - 1 - x$ とする．$f(0) = 0$ かつ $f'(x) = e^x - 1 > 0$（$x > 0$）より，$f(x) > 0$（$x > 0$）．

4.2 （1） $f(x) = \log(\cosh x)$；$y = \log u$, $u = \cosh x$ とすれば
$$f'(x) = \frac{dy}{du} \cdot \frac{du}{dx} = \frac{1}{u} \cdot \sinh x = \frac{\sinh x}{\cosh x} = \tanh x.$$

（2） $g(x) = \sinh^{-1}(\sqrt{x^2-1})$；$y = \sinh^{-1} u$, $u = \sqrt{x^2-1}$ とおく．$u = \sinh y$ であり，$\dfrac{du}{dy} = \cosh y = \sqrt{1+u^2} = x$ となる．よって
$$g'(x) = \frac{dy}{du} \cdot \frac{du}{dx} = \frac{1}{\cosh y} \cdot \frac{x}{\sqrt{x^2-1}} = \frac{1}{\sqrt{x^2-1}}.$$

§5

5.1 第1の等号も第2の等号も直前の式が不定形でないので正しくない．

5.2 （1） $\displaystyle\lim_{x \to -1} \frac{x^5 - x}{x^2 - 3x - 4} = \lim_{x \to -1} \frac{5x^4 - 1}{2x - 3} = -\frac{4}{5}$

（2） $\displaystyle\lim_{x \to 0} \frac{3x^4 - 9x^3 + 6x}{x^3 + 2x^2 + x} = \lim_{x \to 0} \frac{3x^3 - 9x^2 + 6}{x^2 + 2x + 1} = 6$

（3） $\displaystyle\lim_{x \to \infty} \frac{5x^3 + 2x + 40}{2x^3 - 1} = \lim_{x \to \infty} \frac{5 + 2x^{-2} + 40x^{-3}}{2 - x^{-3}} = \frac{5}{2}$

（4） $\displaystyle\lim_{x \to +0} \frac{x}{\sqrt{x}} = \lim_{x \to +0} \sqrt{x} = 0$

（5） $\displaystyle\lim_{x \to 1} \frac{\sqrt{x} - 1}{x - 1} = \lim_{x \to 1} \frac{1}{\sqrt{x} + 1} = \frac{1}{2}$

（6） $\displaystyle\lim_{x \to 0} \frac{2}{\sqrt{1+x} + \sqrt{1-x}} = 1$

（7） $\displaystyle\lim_{x \to 1} \frac{\sqrt{2-x} - \sqrt{x}}{x^2 - 1} = \lim_{x \to 1} \frac{-2}{(x+1)(\sqrt{2-x} + \sqrt{x})} = -\frac{1}{2}$

（8） $\displaystyle\lim_{x \to 0} \frac{\sqrt{1 + x + x^2} + 2x - 1}{x} = \lim_{x \to 0} \frac{5 - 3x}{\sqrt{1 + x + x^2} - 2x + 1} = \frac{5}{2}$

（9） $\displaystyle\lim_{x \to 2} \frac{\sqrt{x+2} - \sqrt{3x-2}}{\sqrt{5x-1} - \sqrt{4x+1}} = \lim_{x \to 2} \frac{-2(\sqrt{5x-1} + \sqrt{4x+1})}{\sqrt{x+2} + \sqrt{3x-2}} = -3$

（10） $\displaystyle\lim_{x \to 0} \frac{\sqrt{4 + x + x^2} - 2}{\sqrt{1+x} - \sqrt{1-x}} = \lim_{x \to 0} \frac{(1+x)(\sqrt{1+x} + \sqrt{1-x})}{2(\sqrt{4 + x + x^2} + 2)} = \frac{1}{4}$

(11) $\displaystyle\lim_{x\to a}\frac{\sqrt[3]{x}-\sqrt[3]{a}}{x-a}=\lim_{x\to a}\frac{\frac{1}{3}x^{-\frac{2}{3}}}{1}=\frac{1}{3\sqrt[3]{a^2}}$

(12) $\displaystyle\lim_{x\to 1}\frac{\sqrt[n]{x^k}-1}{x-1}=\lim_{x\to 1}\frac{\frac{k}{n}x^{\frac{k}{n}-1}}{1}=\frac{k}{n}$

(13) $\displaystyle\lim_{x\to\infty}\frac{\sqrt{x^3}}{x^2+x+1}=\lim_{x\to\infty}\frac{\frac{3}{2}x^{\frac{1}{2}}}{2x+1}=\lim_{x\to\infty}\frac{\frac{3}{4}x^{-\frac{1}{2}}}{2}=0$

5.3 (1) $\displaystyle\lim_{x\to 0}\frac{1-\cos x}{x^2}=\lim_{x\to 0}\frac{\sin x}{2x}=\frac{1}{2}$

(2) $\displaystyle\lim_{x\to 0}\frac{e^x+e^{-x}-2}{x^2}=\lim_{x\to 0}\frac{e^x-e^{-x}}{2x}=\lim_{x\to 0}\frac{e^x+e^{-x}}{2}=1$

(3) $\displaystyle\lim_{x\to 0}\frac{\log(1+x)}{x}=\lim_{x\to 0}\frac{\frac{1}{1+x}}{1}=1$

(4) $\displaystyle\lim_{x\to\infty}\frac{e^x}{x^n}=\lim_{x\to\infty}\frac{e^x}{nx^{n-1}}=\cdots=\lim_{x\to\infty}\frac{e^x}{n!}=\infty$ （n：自然数）

(5) $\displaystyle\lim_{x\to 0}\frac{\arcsin x}{x}=\lim_{x\to 0}\frac{\frac{1}{\sqrt{1-x^2}}}{1}=1$ $\left(\text{または、}\displaystyle\lim_{y\to 0}\frac{y}{\sin y}=1\right)$

(6) $\displaystyle\lim_{x\to 0}\frac{e^x-1-x}{x^2}=\lim_{x\to 0}\frac{e^x-1}{2x}=\lim_{x\to 0}\frac{e^x}{2}=\frac{1}{2}$

(7) $\displaystyle\lim_{x\to 1}\frac{\log x}{x-1}=\lim_{x\to 1}\frac{\frac{1}{x}}{1}=1$

(8) $\displaystyle\lim_{x\to\infty}(e^x\log x-x^2)\geqq\lim_{x\to\infty}(e^x\log x-e^x)=\lim_{x\to\infty}(e^x(\log x-1))$
$=\infty$ （$\because$ $x>3$ のとき、$e^x>x^2$）

(9) $\displaystyle\lim_{x\to 0}\left(\frac{1}{\sin^2 x}-\frac{1}{x^2}\right)=\lim_{x\to 0}\frac{x^2-\sin^2 x}{x^2\sin^2 x}=\lim_{x\to 0}\frac{x^2-\sin^2 x}{x^4}\cdot\frac{x^2}{\sin^2 x}$
$=\displaystyle\lim_{x\to 0}\frac{x^2-\sin^2 x}{x^4}=\lim_{x\to 0}\frac{2x-2\sin x\cos x}{4x^3}=\lim_{x\to 0}\frac{1-\cos^2 x+\sin^2 x}{6x^2}$
$=\displaystyle\lim_{x\to 0}\frac{2\sin^2 x}{6x^2}=\frac{1}{3}$

(10) $\displaystyle\lim_{x\to 1}\left(\frac{1}{\log x}-\frac{1}{x-1}\right)=\lim_{x\to 1}\frac{x-1-\log x}{(x-1)\log x}=\lim_{x\to 1}\frac{1-\frac{1}{x}}{\log x+\frac{x-1}{x}}$
$=\displaystyle\lim_{x\to 1}\frac{x-1}{x\log x+x-1}=\lim_{x\to 1}\frac{1}{\log x+1+1}=\frac{1}{2}$

(11) $y=(e^x-1)^x$ とおく、

$$\lim_{x \to +0} \log y = \lim_{x \to +0} x \log(e^x - 1) = \lim_{x \to +0} \frac{\log(e^x - 1)}{\frac{1}{x}}$$

$$= \lim_{x \to +0} \frac{\frac{e^x}{(e^x - 1)}}{-\frac{1}{x^2}} = \lim_{x \to +0} \left(-\frac{x^2 e^x}{e^x - 1}\right) = \lim_{x \to +0} \left(-\frac{(2x + x^2) e^x}{e^x}\right)$$

$$= -\lim_{x \to +0} (2x + x^2) = 0 \quad \therefore \quad \lim_{x \to +0} (e^x - 1)^x = \lim_{x \to +0} e^{\log y} = e^0 = 1$$

(12) $y = \left(\dfrac{\sin x}{x}\right)^{\frac{1}{x}}$ とおく, $\lim_{x \to +0} \log y = \lim_{x \to +0} \dfrac{1}{x} \log \dfrac{\sin x}{x} = \lim_{x \to +0} \dfrac{\dfrac{\cos x}{\sin x} - \dfrac{1}{x}}{1}$

$$= \lim_{x \to +0} \frac{x \cos x - \sin x}{x \sin x} = \lim_{x \to +0} \frac{x \cos x - \sin x}{x^2} \cdot \lim_{x \to +0} \frac{x}{\sin x}$$

$$= \lim_{x \to +0} \frac{\cos x - x \sin x - \cos x}{2x} = \lim_{x \to +0} \frac{-\sin x}{2} = 0$$

$$\therefore \lim_{x \to +0} \left(\frac{\sin x}{x}\right)^{\frac{1}{x}} = \lim_{x \to +0} e^{\log y} = e^0 = 1$$

(13) $\lim_{x \to +0} x^a \log x = \lim_{x \to +0} \dfrac{\log x}{x^{-a}} = \lim_{x \to +0} \dfrac{\dfrac{1}{x}}{-ax^{-a-1}} = -\lim_{x \to +0} \dfrac{1}{ax^{-a}} = -\lim_{x \to +0} \dfrac{x^a}{a}$

$= 0$

(14) $\lim_{x \to +0} \log x \cdot \log(1 + x) = \lim_{x \to +0} \dfrac{\log(1 + x)}{\dfrac{1}{\log x}} = \lim_{x \to +0} \dfrac{\dfrac{1}{1 + x}}{\dfrac{-1}{x(\log x)^2}}$

$$= -\lim_{x \to +0} \frac{x(\log x)^2}{1 + x} = -\lim_{x \to +0} x(\log x)^2 = -\lim_{x \to +0} \frac{(\log x)^2}{\frac{1}{x}} = -\lim_{x \to +0} \frac{\frac{2}{x} \log x}{-\frac{1}{x^2}}$$

$$= \lim_{x \to +0} (2x \log x) = \lim_{x \to +0} -\frac{2 \log x}{-\frac{1}{x}} = -\lim_{x \to +0} \frac{\frac{2}{x}}{\frac{1}{x^2}} = -\lim_{x \to +0} 2x = 0$$

5.4 ただし，グラフの概形の記述を省略する．

（1） $f'(x) = 2(x - a)(x - b)(2x - a - b) = 0$ より $x = a, x = b, x = \dfrac{a+b}{2}$. ゆえに，極大値 $f\left(\dfrac{a+b}{2}\right) = \dfrac{(a-b)^4}{16}$, 極小値 $f(a) = f(b) = 0$.

（2） $f'(x) = -2x e^{-x^2} = 0$ より $x = 0$. ゆえに，$x = 0$ で極大値 $f(0) = 1$. $\lim_{x \to \pm\infty} f(x) = 0$.

（3） $f'(x) = \dfrac{1 - 2x - x^2}{(x^2 + 1)^2} = 0$ より $x = -1 + \sqrt{2}, x = -1 - \sqrt{2}$. ゆえに，$x = -1 + \sqrt{2}$ で極大値 $\dfrac{1 + \sqrt{2}}{2}$, $x = -1 - \sqrt{2}$ で極小値 $\dfrac{1 - \sqrt{2}}{2}$.

(4) $f'(x) = 1 - \dfrac{1}{2\sqrt{1+x}} = 0$ より $x = -\dfrac{3}{4}$. ゆえに, $x = -\dfrac{3}{4}$ で極小値 $-\dfrac{5}{4}$.

(5) $f'(x) = \dfrac{5}{(1-x)^2} > 0$ より $x \neq 1$ で単調増加で極値なし, $x = 1$ で不連続. $\lim\limits_{x \to \pm\infty} f(x) = -3$, $\lim\limits_{x \to 1+0} f(x) = -\infty$, $\lim\limits_{x \to 1-0} f(x) = +\infty$.

(6) $f'(x) = \dfrac{e^x + e^{-x}}{2} > 0$ より単調増加で極値なし.

$\lim\limits_{x \to \infty} f(x) = \infty$, $\lim\limits_{x \to -\infty} f(x) = -\infty$.

(7) $f'(x) = \log x + 1 = 0$ より $x = \dfrac{1}{e}$. ゆえに, $x = \dfrac{1}{e}$ で極小値 $-\dfrac{1}{e}$.

$\lim\limits_{x \to +0} f(x) = 0$, $\lim\limits_{x \to \infty} f(x) = \infty$.

§6

6.1 (1) $y^{(n)} = \dfrac{1}{2}\left(\dfrac{1}{2} - 1\right) \cdots \left(\dfrac{1}{2} - n + 1\right) x^{\frac{1}{2} - n}$

(2) $y^{(n)} = \dfrac{(-1)^{n-1}(n-1)! \, 2^n}{(2x+3)^n}$

6.2 (1) $y^{(n)} = x^3 \cos\left(x + n\dfrac{\pi}{2}\right) + 3nx^2 \cos\left(x + (n-1)\dfrac{\pi}{2}\right)$
$+ 3n(n-1)x \cos\left(x + (n-2)\dfrac{\pi}{2}\right)$
$+ n(n-1)(n-2) \cos\left(x + (n-3)\dfrac{\pi}{2}\right)$ ($n \geq 3$)

(2) $y^{(n)} = (\sqrt{2})^n e^x \sin\left(x + \dfrac{n}{4}\pi\right)$; n に関する数学的帰納法による.

6.3 $e^x = 1 + x + \cdots + \dfrac{x^n}{n!} + \dfrac{x^{n+1}}{(n+1)!} e^{\theta_n x}$ ($0 < \theta_n < 1$) と表すと,

$$\dfrac{x^{n+1}}{(n+1)!} e^{\theta_n x} = \dfrac{x^{n+1}}{(n+1)!} + \dfrac{x^{n+2}}{(n+2)!} e^{\theta_{n+1} x} \quad (0 < \theta_{n+1} < 1)$$

であるから, $e^{\theta_n x} = 1 + \dfrac{x}{n+2} e^{\theta_{n+1} x}$. 一方, $e^{\theta_n x} = 1 + \theta_n x e^{\theta \theta_n x}$ ($0 < \theta < 1$) と表されるから, $\theta_n = \dfrac{1}{n+2} \cdot \dfrac{e^{\theta_{n+1} x}}{e^{\theta \theta_n x}}$ である. ここで, $0 < \theta, \theta_n, \theta_{n+1} < 1$ であるから, $x \to 0$ のとき, $\theta_{n+1} x \to 0$ かつ $\theta \theta_n x \to 0$ である. よって,

$$\lim_{x \to 0} \theta_n = \dfrac{1}{n+2}.$$

6.4 (1) $2^x = 1 + x \log 2 + \dfrac{1}{2!}(x \log 2)^2 + \cdots + \dfrac{1}{n!}(x \log 2)^n + \cdots$ ($-\infty < x < \infty$).

(2) $\sin^2 x = \dfrac{1}{2}\left\{\dfrac{1}{2!}(2x)^2 - \dfrac{1}{4!}(2x)^4 + \cdots + (-1)^{n+1}\dfrac{1}{(2n)!}(2x)^{2n} + \cdots\right\}$
($-\infty < x < \infty$).

§7

7.1 (1) $\displaystyle\lim_{n\to\infty}\frac{1}{n\sqrt{n}}(\sqrt{1}+\sqrt{2}+\cdots+\sqrt{n})=\lim_{x\to\infty}\frac{1}{n}\Big(\sqrt{\frac{1}{n}}+\sqrt{\frac{2}{n}}+\cdots+\sqrt{\frac{n-1}{n}}\Big)$

$\displaystyle=\int_0^1\sqrt{x}\,dx=\frac{2}{3}\Big[x\sqrt{x}\Big]_0^1=\frac{2}{3}$

(2) $\displaystyle\lim_{n\to\infty}\frac{1}{\sqrt{n}}\Big(\frac{1}{\sqrt{n+1}}+\frac{1}{\sqrt{n+2}}+\cdots+\frac{1}{\sqrt{n+n}}\Big)$

$\displaystyle=\lim_{n\to\infty}\frac{1}{n}\Big(\frac{1}{\sqrt{1+\frac{1}{n}}}+\frac{1}{\sqrt{1+\frac{2}{n}}}+\cdots+\frac{1}{\sqrt{1+\frac{n}{n}}}\Big)$

$\displaystyle=\int_0^1\frac{dx}{\sqrt{1+x}}=2\Big[\sqrt{1+x}\Big]_0^1=2(\sqrt{2}-1)$

(3) $\displaystyle\lim_{n\to\infty}n\Big(\frac{1}{(n+1)^2}+\frac{1}{(n+2)^2}+\cdots+\frac{1}{(n+n)^2}\Big)$

$\displaystyle=\lim_{n\to\infty}\frac{1}{n}\Big(\frac{1}{\big(1+\frac{1}{n}\big)^2}+\frac{1}{\big(1+\frac{2}{n}\big)^2}+\cdots+\frac{1}{\big(1+\frac{n}{n}\big)^2}\Big)$

$\displaystyle=\int_0^1\frac{dx}{(1+x)^2}=-\Big[\frac{1}{1+x}\Big]_0^1=\frac{1}{2}$

(4) $\displaystyle\lim_{n\to\infty}\Big(\frac{1}{n+1}+\frac{1}{n+2}+\cdots+\frac{1}{n+n}\Big)$

$\displaystyle=\lim_{n\to\infty}\frac{1}{n}\Big(\frac{1}{1+\frac{1}{n}}+\frac{1}{1+\frac{2}{n}}+\cdots+\frac{1}{1+\frac{n}{n}}\Big)$

$\displaystyle=\int_0^1\frac{dx}{1+x}=\Big[\log(1+x)\Big]_0^1=\log 2$

7.2 (1) 関数 $\dfrac{\cos 2x}{x+1}$ は $[0,1]$ で正負の符号をとり，かつ $-\dfrac{1}{x+1}\leqq\dfrac{\cos 2x}{x+1}\leqq\dfrac{1}{x+1}$ を満たすから

$$-\log 2=-\int_0^1\frac{dx}{x+1}<\int_0^1\frac{\cos 2x}{x+1}\,dx<\int_0^1\frac{dx}{x+1}=\log 2.$$

(2) 不等式 $\sqrt{1-x^2}\leqq\sqrt{1-x^4}\leqq\sqrt{2}\sqrt{1-x^2}$ $(0\leqq x\leqq 1)$ が成り立つとともに，2つの $\leqq$ は $x=\dfrac{1}{2}$ のとき確かに $<$ となるから

$$\frac{\pi}{4}=\int_0^1\sqrt{1-x^2}\,dx<\int_0^1\sqrt{1-x^4}\,dx<\sqrt{2}\int_0^1\sqrt{1-x^2}\,dx=\frac{\pi}{2\sqrt{2}}.$$

(3) $0<\tan x<1$ $\Big(0<x<\dfrac{\pi}{4}\Big)$ だから

$$\int_0^{\frac{\pi}{4}}\tan^n x\,dx>\int_0^{\frac{\pi}{4}}\tan^{n+2}x\,dx>0$$

かつ
$$\int_0^{\frac{\pi}{4}} (\tan^n x + \tan^{n+2} x)\, dx = \int_0^{\frac{\pi}{4}} \tan^n x\, (\tan x)'\, dx = \frac{1}{n+1}\Big[\tan^{n+1} x\Big]_0^{\frac{\pi}{4}} = \frac{1}{n+1}.$$
よって，
$$\frac{1}{2(n+1)} < \int_0^{\frac{\pi}{4}} \tan^n x\, dx < \frac{1}{2(n-1)}.$$

§8

8.1 部分積分法による．
  （1） $f(x) = \sin^{n-1} x,\ g'(x) = \sin x$
  （2） $f(x) = \cos^{n-1} x,\ g'(x) = \cos x$
置換積分法による．
  （3） $\tan^n x = \tan^{n-2} x \left(\dfrac{1}{\cos^2 x} - 1\right) = \tan^{n-2} x \tan' x - \tan^{n-2} x$

8.2 （1） $-\dfrac{1}{3}\cos x\,(\sin^2 x + 2) + C$ （2） $\dfrac{1}{3}\sin x\,(\cos^2 x + 2) + C$
  （3） $\dfrac{1}{2}\tan^2 x + \log|\cos x| + C$

8.3 置換積分法による，$z = x^2 + a^2$．

8.4 $I_n = \displaystyle\int \dfrac{1}{(x^2 + a^2)^n}\,dx = \dfrac{1}{a^2}\left\{I_{n-1} - \int \dfrac{x^2}{(x^2+a^2)^n}\,dx\right\}$ と変形し，部分積分法を使う．$\left(f(x) = x,\ g'(x) = \dfrac{x}{(x^2+a^2)^n}\right)$．

8.5 （1） $\dfrac{-1}{4(x^2+6)^2} + C$ （2） $\dfrac{-1}{6(x^2+2)^3} + C$
  （3） $\dfrac{1}{10}\left(\dfrac{x}{x^2+5} + \dfrac{\sqrt{5}}{5}\arctan\dfrac{\sqrt{5}\,x}{5}\right) + C$

8.6 $\tan x = t$ とおけば
$$\cos^2 x = \frac{1}{1+t^2},\quad \sin^2 x = \frac{t^2}{1+t^2},\quad dx = \frac{dt}{1+t^2}$$
となる．これより
  （1） $\tan x + \dfrac{1}{3}\tan^3 x + C$ （2） $2\log(2 + \tan^2 x) + C$

8.7 $\tan \dfrac{x}{2} = t$ とおけば
$$\cos x = \frac{1-t^2}{1+t^2},\quad \sin x = \frac{2t}{1+t^2},\quad dx = \frac{2\,dt}{1+t^2}$$
となる．これより
  （1） $\log\left|\tan\dfrac{x}{2}\right| + C$ （2） $\log\left|\tan\left(\dfrac{x}{2} + \dfrac{\pi}{4}\right)\right| + C$

§9

9.1 (1) $V = \pi \int_0^1 x^4\,dx = \pi\left[\dfrac{x^5}{5}\right]_0^1 = \dfrac{\pi}{5}$

(2) $V = \pi \int_0^1 x^6\,dx = \pi\left[\dfrac{x^7}{7}\right]_0^1 = \dfrac{\pi}{7}$

(3) $V = \pi \int_0^1 x\,dx = \pi\left[\dfrac{x^2}{2}\right]_0^1 = \dfrac{\pi}{2}$

(4) $V = \pi \int_1^2 x^{-2}\,dx = \pi\left[-x^{-1}\right]_1^2 = \dfrac{\pi}{2}$

(5) $V = \pi \int_0^a (\cosh x)^2\,dx = \dfrac{\pi}{4}\int_0^a (e^{2x} + e^{-2x} + 2)\,dx = \dfrac{\pi}{4}(\sinh 2a + 2a)$

(6) $V = \pi \int_0^{\pi/4} \tan^2 x\,dx = \pi \int_0^1 \dfrac{t^2}{1+t^2}\,dt = \pi - \dfrac{\pi^2}{4}$

9.2 (1) $V = \pi \int_{-1}^1 [(3+\sqrt{1-x^2})^2 - (3-\sqrt{1-x^2})^2]\,dx = \pi \int_{-1}^1 12\sqrt{1-x^2}\,dx$
$= 12\pi \int_{-1}^1 \sqrt{1-x^2}\,dx = 6\pi^2$

(2) $V = \pi \int_{-3}^3 \left(4 - \dfrac{4}{9}x^2\right)dx = \pi\left[4x - \dfrac{4}{27}x^3\right]_{-3}^3 = 16\pi$

(3) $V = \pi \int_{-3}^3 \left[\left(3 + \sqrt{4 - \dfrac{4}{9}x^2}\right)^2 - \left(3 - \sqrt{4 - \dfrac{4}{9}x^2}\right)^2\right]dx$
$= 12\pi \int_{-3}^3 \sqrt{4 - \dfrac{4}{9}x^2}\,dx = 8\pi \int_{-3}^3 \sqrt{9 - x^2}\,dx = 36\pi^2$

(4) $V = \pi \int_0^1 (1-\sqrt{x})^4\,dx = \dfrac{\pi}{15}$

(5) $V = \pi \int_{-a}^a (a^{\frac{2}{3}} - x^{\frac{2}{3}})^3\,dx = \dfrac{32}{105}\pi a^3$

9.3 (1) $\ell = 3a \int_0^{2\pi} \sqrt{(-\cos^2\theta \sin\theta)^2 + (\sin^2\theta \cos\theta)^2}\,d\theta$
$= 3a \int_0^{2\pi} |\sin\theta \cos\theta|\,d\theta = \dfrac{3a}{2} \int_0^{2\pi} |\sin 2\theta|\,d\theta = 6a \int_0^{\pi/2} \sin 2\theta\,d\theta$
$= 6a\left[-\dfrac{1}{2}\cos 2\theta\right]_0^{\pi/2} = 6a$

(2) $\ell = \int_0^1 \sqrt{2^2 + (2t)^2}\,dt = 2\int_0^1 \sqrt{1+t^2}\,dt = \left[t\sqrt{1+t^2} + \log|t + \sqrt{1+t^2}|\right]_0^1$
$= \sqrt{2} + \log(1+\sqrt{2})$

(3) $\ell = \int_0^5 \sqrt{1 + \dfrac{9}{4}x}\,dx = \dfrac{8}{27}\left[\left(1 + \dfrac{9}{4}x\right)^{\frac{3}{2}}\right]_0^5 = \dfrac{335}{27}$

(4) $\ell = \int_0^1 \sqrt{(6t)^2 + (3-3t^2)^2}\,dt = 3\int_0^1 (1+t^2)\,dt = 4$

9.4 (1) $S = \int_0^{2\pi a} y(x)\,dx = \int_0^{2\pi} a^2 (1-\cos\theta)^2\,d\theta$
$= a^2 \int_0^{2\pi} (1 - 2\cos\theta + \cos^2\theta)\,d\theta = a^2\left[\theta - 2\sin\theta + \dfrac{\theta}{2} + \dfrac{1}{4}\sin 2\theta\right]_0^{2\pi} = 3\pi a^2$

(2) $S = 2\int_0^9 y(x)\,dx = 2\int_0^{\sqrt{3}} (3t - t^3)6t\,dt = 2\left[6t^3 - \dfrac{6}{5}t^5\right]_0^{\sqrt{3}} = \dfrac{72\sqrt{3}}{5}$

(3) $S = 4\int_0^a y(x)\,dx = 4\int_{\frac{\pi}{2}}^0 a\sin^3\theta(-3a\cos^2\theta\sin\theta)\,d\theta$

$= 12a^2\int_0^{\frac{\pi}{2}}\sin^4\theta\cos^2\theta\,d\theta = 12a^2\int_0^{\frac{\pi}{2}}\dfrac{1}{2}(\sin^4\theta\cos^2\theta + \cos^4\theta\sin^2\theta)\,d\theta$

$= 6a^2\int_0^{\frac{\pi}{2}}\sin^2\theta\cos^2\theta\,d\theta = \dfrac{3a^2}{2}\int_0^{\frac{\pi}{2}}\sin^2 2\theta\,d\theta = \dfrac{3a^2}{2}\int_0^{\frac{\pi}{2}}\dfrac{1-\cos 4\theta}{2}\,d\theta$

$= \dfrac{3a^2}{4}\left[\theta - \dfrac{1}{4}\sin 4\theta\right]_0^{\frac{\pi}{2}} = \dfrac{3\pi a^2}{8}$

(4) $S = 4b\int_0^a \sqrt{1 - \dfrac{x^2}{a^2}}\,dx = 4ab\int_0^1 \sqrt{1-t^2}\,dt = ab\pi$

(5) $S = \int_0^1 (1-\sqrt{x})^2\,dx = \dfrac{1}{6}$

(6) $S = \int_0^{\frac{\pi}{3}} (\sin 2x - \sin x)\,dx + \int_{\frac{\pi}{3}}^{\pi} (\sin x - \sin 2x)\,dx = \dfrac{5}{2}$

§10

10.1 (1) $x = \sin^2\theta \left(0 \le \theta \le \dfrac{\pi}{2}\right)$ とおく．このとき，$\sqrt{\dfrac{x}{1-x}} = \tan\theta$ かつ $dx = 2\sin\theta\cos\theta\,d\theta$. ゆえに

$$\int_0^1 \sqrt{\dfrac{x}{1-x}}\,dx = \int_0^{\frac{\pi}{2}} 2\tan\theta\sin\theta\cos\theta\,d\theta = \int_0^{\frac{\pi}{2}} 2\sin^2\theta\,d\theta = \dfrac{\pi}{2}.$$

(2) $\displaystyle\int_a^b \dfrac{dx}{\sqrt{x-a}\sqrt{b-x}} = \int_a^b \dfrac{dx}{\sqrt{\left(\dfrac{b-a}{2}\right)^2 - \left(x - \dfrac{a+b}{2}\right)^2}}$

$= \left[\arcsin\dfrac{x - \dfrac{a+b}{2}}{\dfrac{b-a}{2}}\right]_a^b = \arcsin(1) - \arcsin(-1) = \pi$

10.2 (1) $B\left(\dfrac{1}{2}, \dfrac{1}{2}\right) = \displaystyle\int_0^1 \dfrac{dx}{\sqrt{x - x^2}} = \int_0^1 \dfrac{dx}{\sqrt{\dfrac{1}{4} - \left(x - \dfrac{1}{2}\right)^2}}$

$= \left[\arcsin\dfrac{x - \dfrac{1}{2}}{\dfrac{1}{2}}\right]_0^1 = \pi$

(2) $\dfrac{1}{2}\Gamma\left(\dfrac{1}{2}\right) = \dfrac{1}{2}\displaystyle\int_0^\infty e^{-x} x^{-\frac{1}{2}}\,dx = \dfrac{1}{2}\int_0^\infty e^{-t^2}\dfrac{1}{t} 2t\,dt = \int_0^\infty e^{-t^2}\,dt$

(3) $\pi \underset{(1)}{=} B\left(\dfrac{1}{2}, \dfrac{1}{2}\right) = \dfrac{\Gamma\left(\dfrac{1}{2}\right)^2}{\Gamma(1)} = \Gamma\left(\dfrac{1}{2}\right)^2 \underset{(2)}{=} 4\left(\displaystyle\int_0^\infty e^{-t^2}\,dt\right)^2.$

§11

11.1 $f(x) = \sqrt{1+x^3}$ とおく. $M_5 \fallingdotseq 1.1096726$, $T_5 \fallingdotseq 1.1149922$, $S_5 \fallingdotseq 1.1114458$. 次に誤差について考える. $f^{(4)}(x) = \dfrac{1}{16\sqrt{(1+x^3)^7}} \cdot 9x^2(-80+56x^3+x^6)$ であり, $[0,1]$ において $0 \leq \dfrac{x^2}{\sqrt{(1+x^3)^7}} < 0.2$ であるから, $|f^{(4)}(x)| < 9$ である. よって, 定理 11.2 より, $|S_5 - I| \leq \dfrac{9}{2880 \cdot 5^4} = \dfrac{1}{200000}$ である. また, $|S_5 - 1.1114458| \leq 0.5 \times 10^{-6}$ である. したがって, $|I - 1.1114458| < 0.0000055$ である.

11.2 $f(x) = e^{-\frac{x^2}{2}}$ とおく. $M_5 \fallingdotseq 0.8566376$, $T_5 \fallingdotseq 0.8535999$, $S_5 \fallingdotseq 0.855625033\cdots \fallingdotseq 0.8556250$. 次に誤差について考える. $f^{(4)}(x) = (3-6x^2+x^4)e^{-\frac{x^2}{2}}$, $f^{(5)}(x) = (-15+10x^2-x^4)xe^{-\frac{x^2}{2}}$ である. $[0,1]$ において $f^{(5)}(x) < 0$ であるから, そこで $f^{(4)}(x)$ は単調減少である. そして $f^{(4)}(0) = 3$, $f^{(4)}(1) = -2e^{-\frac{1}{2}} > -2$ であるから, $|f^{(4)}(x)| \leq 3$ $(0 \leq x \leq 1)$ である. よって, 定理 11.2 より, $|S_5 - I| \leq \dfrac{3}{2880 \cdot 5^4} = \dfrac{1}{600000}$ である. また, $|S_5 - 0.8556250| \leq 0.55 \times 10^{-6}$ である. したがって, $|I - 0.8556250| < 0.0000023$ である. 最後の不等式より $0.8556227 < I < 0.8556273$ を得る.

11.3 (1) x^2

(2) $t = -x$ とおいて置換積分法を用いればよい.

(3) $2I = \int_{-1}^{1} \{f(x)+f(-x)\} dx = \int_{-1}^{1} x^2 dx = \dfrac{2}{3}$ であるから $I = \dfrac{1}{3}$ である.

(4) 区間 $[-1,1]$ を $2n$ 等分する点を $-1 = x_0 < x_1 < x_2 < \cdots < x_{2n} = 1$ とし, $g(x) = \dfrac{x^2}{2}$ とおく. このとき, $x_j = -x_{2n-j}$ であるから (1) より $f(x_j) + f(x_{2n-j}) = g(x_j) + g(x_{2n-j})$ である. よって
$$S_n = \dfrac{1}{3n}\left\{f(x_0) + f(x_{2n}) + 4\sum_{j=1}^{n} f(x_{2j-1}) + 2\sum_{j=1}^{n-1} f(x_{2j})\right\}$$
$$= \dfrac{1}{3n}\left\{g(x_0) + g(x_{2n}) + 4\sum_{j=1}^{n} g(x_{2j-1}) + 2\sum_{j=1}^{n-1} g(x_{2j})\right\}$$
である. すなわち S_n は $\int_{-1}^{1} g(x) dx$ に対するシンプソンの公式に等しい. したがって定理 11.2 (2) において $B = 0$ ととれるから, $S_n = \int_{-1}^{1} g(x) dx = \dfrac{1}{3} = I$ である.

§12

12.1 (1) 第 n 項を a_n とすれば $a_n = \log\left(1+\dfrac{1}{n}\right) = \log(n+1) - \log n$. よって
$$\sum_{n=1}^{\infty} \log\left(1+\dfrac{1}{n}\right) = \lim_{k\to\infty} \sum_{n=1}^{k} \log\left(1+\dfrac{1}{n}\right) = \lim_{k\to\infty} \sum_{n=1}^{k} (\log(n+1) - \log n)$$

$$= \lim_{k \to \infty} \log(k+1) = \infty.$$

よって発散する．

(2) 第 n 項を a_n とすれば $a_n = 1 - \dfrac{1}{2n}$．よって $a_n \to 1 \neq 0$ ($n \to \infty$)．したがって級数は発散する．

(3) $a_n = \dfrac{n^k}{(n+1)!}$ とおくと
$$\frac{a_{n+1}}{a_n} = \frac{1}{n+2}\left(1 + \frac{1}{n}\right)^k \to 0 \quad (n \to \infty).$$
したがって級数は収束する．

(4) $(1, \infty)$ 上の関数 $f(x) = \dfrac{1}{x \log x}$ を考える．$a_n = f(n)$ とすれば求める級数は $\sum_{n=2}^{\infty} f(n)$ で与えられる．一方，$f'(x) = -\dfrac{1 + \log x}{(x \log x)^2} < 0$ より f はこの区間で単調減少関数である．よって
$$\int_2^{m+1} f(x)\, dx < f(2) + \cdots + f(m).$$
ここで $\int f(x)\, dx = \int \dfrac{dx}{x \log x} = \int \dfrac{dt}{t} = \log t = \log \log x$．ゆえに
$$\log \log(m+1) - \log \log 2 < f(2) + \cdots + f(m) = \sum_{n=2}^{m} \frac{1}{n \log n}.$$
この式で $m \to \infty$ とすれば
$$\sum_{n=2}^{\infty} \frac{1}{n \log n} = \infty.$$
ゆえに問題の級数は発散する．

(5) $a_n = \dfrac{2^n}{n}$ とおくと
$$\frac{a_{n+1}}{a_n} = \frac{2n}{n+1} \to 2 \quad (n \to \infty).$$
したがって級数は発散する．

(6) $a_n = \dfrac{n^4}{n!}$ とおくと
$$\frac{a_{n+1}}{a_n} = \frac{1}{n}\left(1 + \frac{1}{n}\right)^3 \to 0 \quad (n \to \infty).$$
したがって級数は収束する．

(7) $a_n = \dfrac{n}{a^n}$ とおくと
$$\frac{a_{n+1}}{a_n} = \frac{1}{a}\left(1 + \frac{1}{n}\right).$$
したがって $a > 1$ の場合，$\lim_{n \to \infty} \dfrac{a_{n+1}}{a_n} = \dfrac{1}{a} < 1$ より級数は収束する．$a \leqq 1$ の場合，$a_n \geqq n$ であるから
$$\sum_{n=1}^{\infty} \frac{n}{a^n} \geqq \sum_{n=1}^{\infty} n = \infty.$$

よって $a \leqq 1$ のとき級数は発散する.

(8) 第 n 項を a_n とすれば $a_n = \left(\dfrac{n}{n+1}\right)^n \to e^{-1} \neq 0$ ($n \to \infty$). したがって級数は発散する.

(9) $a_n = \dfrac{1}{(\log(n+1))^n}$ とおけば
$$\lim_{n\to\infty} \sqrt[n]{a_n} = \lim_{n\to\infty} \dfrac{1}{\log(n+1)} \to 0 \qquad (n\to\infty).$$
よって級数は収束する.

(10) $a_n = \left(1 + \dfrac{1}{n}\right)^{n^2}$ とおけば
$$\lim_{n\to\infty} \sqrt[n]{a_n} = \lim_{n\to\infty}\left(1 + \dfrac{1}{n}\right)^n \to e > 1 \qquad (n\to\infty).$$
よって級数は発散する.

(11) $\dfrac{n^3+1}{n^5+1} < \dfrac{n^3+1}{n^5} = \dfrac{1}{n^2} + \dfrac{1}{n^5}$. よって
$$\sum_{n=1}^{\infty} \dfrac{n^3+1}{n^5+1} < \sum_{n=1}^{\infty} \dfrac{1}{n^2} + \sum_{n=1}^{\infty} \dfrac{1}{n^5}.$$
また
$$\sum_{n=1}^{\infty} \dfrac{1}{n^2} < 1 + \int_1^{\infty} \dfrac{1}{x^2}\,dx = 1 + \left[-\dfrac{1}{x}\right]_1^{\infty} = 2,$$
$$\sum_{n=1}^{\infty} \dfrac{1}{n^5} < 1 + \int_1^{\infty} \dfrac{1}{x^5}\,dx = 1 + \left[-\dfrac{1}{4x^4}\right]_1^{\infty} = \dfrac{5}{4}$$
であるから右辺の2つの級数は収束する. よって問題の級数も収束する.

(12) $\dfrac{\log n}{n^2+2} < \dfrac{\log n}{n^2}$. よって
$$\sum_{n=1}^{\infty} \dfrac{\log n}{n^2+2} < \sum_{n=1}^{\infty} \dfrac{\log n}{n^2}.$$
$f(x) = \dfrac{\log x}{\sqrt{x}}$ の $x \geqq 1$ における最大値が $2e^{-1}$ で与えられることから,自然数 n に対して $\log n \leqq 2e^{-1}\sqrt{n}$ が成り立つ. よって
$$\sum_{n=1}^{\infty} \dfrac{\log n}{n^2+2} < 2e^{-1} \sum_{n=1}^{\infty} \dfrac{\sqrt{n}}{n^2} = 2e^{-1} \sum_{n=1}^{\infty} \dfrac{1}{n^{\frac{3}{2}}}.$$
また
$$\sum_{n=1}^{\infty} \dfrac{1}{n^{\frac{3}{2}}} < 1 + \int_1^{\infty} \dfrac{1}{x^{\frac{3}{2}}}\,dx = 1 + \left[-\dfrac{2}{\sqrt{x}}\right]_1^{\infty} = 1 + 2 = 3$$
であるから右辺の級数は収束する. よって問題の級数も収束する.

12.2 (1) $a_n = \dfrac{1}{n!}$ とおけば
$$\left|\dfrac{a_{n+1}}{a_n}\right| = \dfrac{1}{n+1} \to 0 \qquad (n \to \infty).$$
よって収束半径は $R = \infty$.

(2) $a_n = (-1)^{n-1}\dfrac{1}{n}$ とおけば

$$\left|\frac{a_{n+1}}{a_n}\right| = \frac{n}{n+1} \to 1 \quad (n \to \infty).$$

よって収束半径は $R = 1$.

(3) $a_n = \left(\frac{n+1}{2n+3}\right)^n$ とおけば

$$\sqrt[n]{|a_n|} = \frac{n+1}{2n+3} \to \frac{1}{2} \quad (n \to \infty).$$

よって収束半径は $R = 2$.

(4) $a_n = \frac{1}{a^n}$ とおけば

$$\left|\frac{a_{n+1}}{a_n}\right| = \frac{1}{a} \to \frac{1}{a} \quad (n \to \infty).$$

よって収束半径は $R = a$.

(5) $a_n = \frac{1}{n2^n}$ とおけば

$$\left|\frac{a_{n+1}}{a_n}\right| = \frac{1}{2}\frac{n}{n+1} \to \frac{1}{2} \quad (n \to \infty).$$

よって収束半径は $R = 2$.

(6) $a_n = \frac{2n-1}{3n+2}$ とおけば

$$\left|\frac{a_{n+1}}{a_n}\right| = \frac{2n+1}{3n+5} \cdot \frac{3n+2}{2n-1} \to 1 \quad (n \to \infty).$$

よって収束半径は $R = 1$.

(7) $a_n = n^p$ とおけば

$$\sqrt[n]{|a_n|} = n^{\frac{p}{n}} = (n^{\frac{1}{n}})^p \to 1 \quad (n \to \infty).$$

よって収束半径は $R = 1$.

(8) $a_n = \frac{n!}{(n+1)^n}$ とおけば

$$\left|\frac{a_{n+1}}{a_n}\right| = \left(\frac{n+1}{n+2}\right)^{n+1} \to \frac{1}{e} \quad (n \to \infty).$$

よって収束半径は $R = e$.

(9) $a_n = \sqrt{n+1} - \sqrt{n} = \frac{1}{\sqrt{n+1} + \sqrt{n}}$ とおけば

$$\left|\frac{a_{n+1}}{a_n}\right| = \frac{\sqrt{n+1} + \sqrt{n}}{\sqrt{n+2} + \sqrt{n+1}} = \frac{\sqrt{1+\frac{1}{n}} + 1}{\sqrt{1+\frac{2}{n}} + \sqrt{1+\frac{1}{n}}} \to 1 \quad (n \to \infty).$$

よって収束半径は $R = 1$.

12.3 どの級数も交代級数なので, $\sum_{n=1}^{\infty}(-1)^{n-1}a_n$ と表すとき a_n が単調に 0 に収束するならば級数は収束する.

(1) $a_n = \frac{n}{n^2+1}$ とおけば a_n は単調に 0 に収束する. よって級数は収束する. 次に

$$\sum_{n=1}^{\infty}\left|(-1)^{n-1}\frac{n}{n^2+1}\right|=\sum_{n=1}^{\infty}\frac{n}{n^2+1}\geqq\sum_{n=1}^{\infty}\frac{n}{n^2+n}=\sum_{n=1}^{\infty}\frac{1}{n+1}=\infty.$$

よって条件収束する．

（2） $a_n=\dfrac{1}{2n^2-1}$ とおけば a_n は単調に 0 に収束する．よって級数は収束する．次に

$$\sum_{n=1}^{\infty}\left|(-1)^{n-1}\frac{1}{2n^2-1}\right|=\sum_{n=1}^{\infty}\frac{1}{2n^2-1}<\sum_{n=1}^{\infty}\frac{1}{n^2}<\infty.$$

よって絶対収束する．

（3） $a_n=\dfrac{1}{\sqrt{n}}$ とおけば a_n は単調に 0 に収束する．よって級数は収束する．次に

$$\sum_{n=1}^{\infty}\left|(-1)^{n-1}\frac{1}{\sqrt{n}}\right|=\sum_{n=1}^{\infty}\frac{1}{\sqrt{n}}>\sum_{n=1}^{\infty}\frac{1}{n}=\infty.$$

よって条件は収束する．

（4） $a_n=\dfrac{\log n}{3n+1}$ とおけば a_n は $n\geqq 4$ のとき単調に 0 に収束する．よって級数は収束する．次に

$$\sum_{n=1}^{\infty}\left|(-1)^{n-1}\frac{\log n}{3n+1}\right|=\sum_{n=1}^{\infty}\frac{\log n}{3n+1}>\sum_{n=2}^{\infty}\frac{\log n}{4n}>\frac{\log 2}{4}\sum_{n=2}^{\infty}\frac{1}{n}=\infty.$$

よって条件収束する．

12.4（1） 問題文中の等式 $\dfrac{1}{1-x}=1+x+x^2+\cdots=\sum_{n=0}^{\infty}x^n$ の x に x^2 を代入すれば

$$\frac{1}{1-x^2}=\sum_{n=0}^{\infty}x^{2n}$$

であり，右辺の収束半径は 1 である．したがって開区間 $(-1,1)$ で両辺を積分するとき右辺を項別に積分することができ，

$$\int_0^x\frac{dt}{1-t^2}=\int_0^x\sum_{n=0}^{\infty}t^{2n}\,dt=\sum_{n=0}^{\infty}\int_0^x t^{2n}\,dt=\sum_{n=0}^{\infty}\frac{1}{2n+1}x^{2n+1}.$$

一方，

$$\int_0^x\frac{dt}{1-t^2}=\frac{1}{2}\log\frac{1+x}{1-x}$$

であるから求める式が得られる．

（2） 問題文中の等式 $\dfrac{1}{1-x}=1+x+x^2+\cdots=\sum_{n=0}^{\infty}x^n$ の x に $-x^2$ を代入すれば

$$\frac{1}{1+x^2}=\sum_{n=0}^{\infty}(-1)^n x^{2n}$$

であり，右辺の収束半径は 1 である．したがって開区間 $(-1,1)$ で両辺を積分するとき右辺を項別に積分することができ，

$$\int_0^x\frac{dt}{1+t^2}=\int_0^x\sum_{n=0}^{\infty}(-1)^n t^{2n}\,dt=\sum_{n=0}^{\infty}\int_0^x(-1)^n t^{2n}\,dt=\sum_{n=0}^{\infty}(-1)^n\frac{1}{2n+1}x^{2n+1}.$$

一方，
$$\int_0^x \frac{dt}{1+t^2} = \arctan x$$
であるから求める式が得られる．

12.5（1） $\dfrac{1}{1+x} - \sum_{k=1}^{n}(-1)^{k-1}x^{k-1} = \dfrac{1}{1+x}\Big(1-(1+x)\sum_{k=1}^{n}(-1)^{k-1}x^{k-1}\Big)$

$$= \frac{1}{1+x}\{1-(1-(-x)^n)\}$$

$$= \frac{(-1)^n x^n}{1+x}.$$

よって与式が成り立つ．

（2） (1) で証明した式の両辺を 0 から 1 まで積分して
$$\log 2 = \sum_{k=1}^{n}(-1)^{k-1}\frac{1}{k} + \int_0^1 \frac{(-1)^n x^n}{1+x}\,dx.$$
したがって
$$R_n = \int_0^1 \frac{(-1)^n x^n}{1+x}\,dx$$
とおけば
$$\log 2 = \sum_{k=1}^{n}(-1)^{k-1}\frac{1}{k} + R_n.$$

（3） $x \geqq 0$ より $1+x \geqq 1$. よって
$$|R_n| \leqq \int_0^1 \frac{x^n}{1+x}\,dx \leqq \int_0^1 x^n\,dx = \frac{1}{n+1} \to 0 \quad (n \to \infty).$$
したがって (2) の式で $n \to \infty$ として
$$\Big|\log 2 - \sum_{k=1}^{n}(-1)^{k-1}\frac{1}{k}\Big| = |R_n| \to 0.$$
よって
$$\log 2 = \sum_{k=1}^{\infty}(-1)^{k-1}\frac{1}{k}.$$

§13

13.1 関数 $f(x)$ は $[-\pi, 0]$ で $-x$ で，$[0, \pi]$ で x より，$f(x)$ のフーリエ係数は，$a_0 = \pi$ で
$$a_n = \frac{1}{\pi}\Big\{\int_{-\pi}^{0} -x\cos nx\,dx + \int_0^{\pi} x\cos nx\,dx\Big\} = \begin{cases} 0 & (n\text{ が }0\text{ でない偶数}), \\ -\dfrac{4}{\pi n^2} & (n\text{ が奇数}), \end{cases}$$

$$b_n = \frac{1}{\pi}\left\{\int_{-\pi}^{0} -x\sin nx\, dx + \int_{0}^{\pi} x\sin nx\, dx\right\} = 0 \quad (n=1,2,\cdots)$$

である．したがって，$f(x)$ のフーリエ級数は，

$$f(x) \sim \frac{\pi}{2} - \frac{4}{\pi}\sum_{n=1}^{\infty}\frac{\cos(2n-1)x}{(2n-1)^2}.$$

13.2 $a_0 = \dfrac{1}{\pi}\displaystyle\int_{-\pi}^{\pi} x^2\, dx = \dfrac{2}{3}\pi^2,\ a_n = \dfrac{1}{\pi}\int_{-\pi}^{\pi} x^2\cos nx\, dx = (-1)^n\left(\dfrac{2}{n}\right)^2\quad (n \geqq 1).$

$$b_n = \frac{1}{\pi}\int_{-\pi}^{\pi} x^2\sin nx\, dx = 0 \quad (n \geqq 1).$$

ゆえに $f(x)$ のフーリエ級数は

$$f(x) \sim \frac{\pi^2}{3} + \sum_{n=1}^{\infty}(-1)^n\left(\frac{2}{n}\right)^2\cos nx$$

となる．したがって，定理 13.5 より

$$f(0) = \lim_{n\to\infty} S_n(0) = \frac{\pi^2}{3} + \sum_{n=1}^{\infty}(-1)^n\left(\frac{2}{n}\right)^2$$

となる．ゆえに，

$$\frac{\pi^2}{12} = \sum_{n=1}^{\infty}\frac{(-1)^{n-1}}{n^2}$$

を得る．

13.3 $\displaystyle\int_{-\pi}^{\pi}(f(x) - S_n(x))S_n(x)\, dx = \int_{-\pi}^{\pi}(f(x)S_n(x) - S_n(x)^2)\, dx.$

ここで三角関数の直交性を用いると

$$\int_{-\pi}^{\pi}(f(x)S_n(x) - S_n(x)^2)\, dx = \int_{-\pi}^{\pi} f(x)S_n(x)\, dx - \int_{-\pi}^{\pi} S_n(x)^2\, dx$$

$$= \pi\left[\frac{a_0^2}{2} + \sum_{k=1}^{\infty}(a_k^2 + b_k^2) - \left\{\frac{a_0^2}{2} + \sum_{k=1}^{\infty}(a_k^2 + b_k^2)\right\}\right] = 0$$

となる．したがって結論が得られる．

13.4 $f(x)$ のフーリエ係数を $a_0, a_1, \cdots, b_1, b_2, \cdots$ とし，$f(x)$ のフーリエ級数の部分和を $S_n(x)$ とする．また，$P_n(x) = \dfrac{\alpha_0}{2} + \displaystyle\sum_{k=1}^{n}(\alpha_k\cos kx + \beta_k\sin kx)$ とおく．このとき，

$$|f(x) - P_n(x)|^2 = |(f(x) - S_n(x)) + (S_n(x) - P_n(x))|^2$$
$$= |f(x) - S_n(x)|^2 + 2(f(x) - S_n(x))(S_n(x) - P_n(x)) + |S_n(x) - P_n(x)|^2.$$

ここで，上の補充問題 13.3 および三角関数の直交性とフーリエ係数の定義を用いると

$$\frac{1}{\pi}\int_{-\pi}^{\pi}(f(x) - S_n(x))(S_n(x) - P_n(x))\, dx$$
$$= \frac{1}{\pi}\left\{\int_{-\pi}^{\pi}(-f(x)P_n(x) + S_n(x)P_n(x))\, dx\right\}$$

$$= -\left\{\frac{a_0\alpha_0}{2} + \sum_{k=1}^{n}(a_k\alpha_k + b_k\beta_k)\right\} + \left\{\frac{a_0\alpha_0}{2} + \sum_{k=1}^{n}(a_k\alpha_k + b_k\beta_k)\right\}$$
$$= 0$$

を得る.ゆえに,
$$\int_{-\pi}^{\pi}|f(x) - P_n(x)|^2\,dx = \int_{-\pi}^{\pi}|f(x) - S_n(x)|^2\,dx + \int_{-\pi}^{\pi}|S_n(x) - P_n(x)|^2\,dx$$

となる.したがって
$$\int_{-\pi}^{\pi}|f(x) - S_n(x)|^2\,dx \leqq \int_{-\pi}^{\pi}|f(x) - P_n(x)|^2\,dx$$

を得る.これに定理 13.2 を利用すれば,
$$\lim_{n\to\infty}\int_{-\pi}^{\pi}|f(x) - S_n(x)|^2\,dx = 0$$

が成立することがわかる.

13.5 (1) 補充問題 13.3 を用いることにより

$$\int_{-\pi}^{\pi}(f(x) - S_n(x))^2\,dx$$
$$= \int_{-\pi}^{\pi}f(x)(f(x) - S_n(x))\,dx - \int_{-\pi}^{\pi}S_n(x)(f(x) - S_n(x))\,dx$$
$$= \int_{-\pi}^{\pi}f(x)(f(x) - S_n(x))\,dx = \int_{-\pi}^{\pi}f(x)^2\,dx - \int_{-\pi}^{\pi}f(x)S_n(x)\,dx$$
$$= \int_{-\pi}^{\pi}f(x)^2\,dx - \pi\left\{\frac{a_0^2}{2} + \sum_{k=1}^{n}(a_k^2 + b_k^2)\right\}$$

を得る.ここで,補充問題 13.4 より上の左辺は $n \to \infty$ のとき,0 に収束するから
$$\frac{1}{\pi}\int_{-\pi}^{\pi}\{f(x)\}^2\,dx = \frac{a_0^2}{2} + \sum_{n=1}^{\infty}(a_k^2 + b_k^2)$$

が成立する.

(2) 例題 13.2 の関数 $f(x)$ について,$\dfrac{1}{\pi}\displaystyle\int_{-\pi}^{\pi}\{f(x)\}^2\,dx = 1$ が成立するので,(1) のパーセバルの等式を適用することにより

$$1 = \frac{1}{2} + \frac{4}{\pi^2}\sum_{n=1}^{\infty}\frac{1}{(2n-1)^2}$$

が得られ,
$$\sum_{n=1}^{\infty}\frac{1}{(2n-1)^2} = \frac{\pi^2}{8}$$

となる.なお,この最後の等式は補充問題 13.1 と定理 13.5 を利用しても得られる.

§14

14.1 （1） $y \neq 0$ のとき $\frac{1}{y^2}y' = x$ であり $-\frac{1}{y} = \frac{1}{2}x^2 + C$. 答：$-\frac{1}{y} = \frac{1}{2}x^2 + C$, $y = 0$.

（2） $y \neq 0$ のとき $\frac{1}{\sqrt{y}}y' = x$ より $2\sqrt{y} = \frac{1}{2}x^2 + C$. 答：$\sqrt{y} = \frac{1}{4}x^2 + C$, $y = 0$.

（3） $y''(x - e^{y'}) = 0$ より $y'' = 0$ のときは $y = Ax + B$ となり，元の微分方程式に代入して，$B = -e^A$. よって $y = Ax - e^A$. また，$x = e^{y'}$ のとき $y' = \log x$ であり，元の式に代入して $y = x(\log x - 1)$. 答：$y = Cx - e^C$, $y = x(\log x - 1)$.

14.2 （1） $z' = 1 + y'$ より $z' - 1 = z^2$. よって $\frac{1}{1+z^2}z' = 1$ から $\arctan z = x + C$. すなわち $z = \tan(x + C)$. 答：$y = -x + \tan(x + C)$.

（2） $z + xz' = z + \frac{1}{z}$ より $xz' = \frac{1}{z}$. $zz' = \frac{1}{x}$ より $z^2 = 2\log|x| + C$.
答：$y^2 = x^2(\log x^2 + C)$.

14.3 （1） $c'(x) = e^{-x}\sin x$ より $c(x) = -\frac{1}{2}(\sin x + \cos x)e^{-x} + C$.
答：$y = -\frac{1}{2}(\sin x + \cos x) + Ce^x$.

（2） $y' + xy = 0$ より $y = Ae^{-\frac{1}{2}x^2}$. これより $c'(x) = 1$. よって $c(x) = x + C$.
答：$y = (x + C)e^{-\frac{1}{2}x^2}$.

（3） $xy' + y = 0$ より $y = \frac{A}{x}$. これより $c'(x)\frac{1}{x} = x$. よって $c(x) = \frac{1}{3}x^3 + C$. 答：$y = \frac{1}{3}x^2 + \frac{C}{x}$.

14.4 （1） 特性方程式の解は $2, 1$.
答：$y = C_1 e^{2x} + C_2 e^x - \frac{1}{20}\sin 2x + \frac{3}{20}\cos 2x$.

（2） 特性方程式の解は 2. 答：$y = C_1 e^{2x} + C_2 x e^{2x} + \frac{1}{2}x^2 e^{2x}$.

（3） 特性方程式の解は $-1 \pm 2i$.
答：$y = C_1 e^{-x}\cos 2x + C_2 e^{-x}\sin 2x + \frac{1}{25}(5x - 2)$.

（4） 特性方程式の解は $2 \pm i$.
答：$y = C_1 e^{2x}\cos x + C_2 e^{2x}\sin x - \frac{1}{8}(\sin x - \cos x) + \frac{1}{125}(25x^2 + 40x + 22)$.

索　引

ア　行

一次従属　136
一次独立　136
1階線形微分方程式　135
一般解　133
一般項　2
上に凹　53
上に凸　53
n 次導関数　55
円関数　26
オイラーの数　70

カ　行

解　131
　　一般——　133
　　特異——　133
　　特殊——　133
開区間　1
　　半——　1
階数　131
関数　6
　　——の和　15
　　——の差　15
　　——の積　15
　　——の商　15
　　n 次導——　55
　　円——　26
　　ガンマ——　100

逆——　18
原始——　68, 72
合成——　16
C^n ——　55
C^∞ ——　59
c 倍した——　15
指数——　35
双曲線——　40
対数——　37
単調減少——　18
単調——　18
単調増加——　18
導——　20
2次導——　53
被積分——　73
ベータ——　99
有理——　78
ガンマ関数　100
逆関数　18
級数　4
　　交代——　119
　　整——　112
　　正項——　111
　　テーラー——　60
　　フーリエ——　122
　　マクローリン——　60
極限値　2, 6
　　左側——　9
　　右側——　9

極座標　26
極小　50
　　——値　50
極大　50
　　——値　50
極値　50
区間　1
　　開——　1
　　全——　1
　　半開——　1
　　閉——　1
区分求積法　63
区分的に滑らか　127
区分的に連続　127
原始関数　68, 72
広義積分　94, 95
コーシーの判定法　115, 120
コーシーの平均値の定理　46
合成関数　16
交代級数　119

サ　行

サイクロイド　90
細分　64
三角関数の直交性　121
三角多項式　122
三葉形　91

索引

C^n 関数　55
C^∞ 関数　59
c 倍した関数　15
指数関数　35
指数法則　34
下に凹　53
下に凸　53
周期　122
収束　2, 4
　　——半径　114
　　条件——　111
　　絶対——　97, 111
条件収束　111
常微分方程式　131
心臓形　93
シンプソンの公式　104
数列　1
　　単調減少——　4
　　単調——　4
　　単調増加——　4
　　等差——　2
　　等比——　2
整級数　112
正項級数　111
積分可能　63
積分する　73
積分定数　73
絶対収束　97, 111
全区間　1
双曲線関数　40

タ　行

台形公式　103
対数関数　37
対数微分法　39
ダランベールの判定法
　　115, 120
単振動　27
単調関数　18
単調減少関数　18
単調減少数列　4
単調数列　4
単調増加関数　18
単調増加数列　4
値域　6
置換積分法　74
中間値の定理　8
中点公式　102
定義域　6
定数変化法　136
定積分　63
　　——に関する平均値の定
　　　理　67
　　不——　68
テーラー級数　60
テーラー展開　59
テーラーの定理　57
導関数　20
　　n 次——　55
　　2 次——　53
等差数列　2
等比数列　2
解く　131
特異解　133
特殊解　133
特性方程式　137

ナ　行

長さ(曲線の)　88
滑らかな曲線　89
2 階線形微分方程式　137
2 次導関数　53
任意定数　133
ネーピア数　36

ハ　行

はさみうちの原理　3
発散　2, 5
半開区間　1
被積分関数　73
左側極限値　9
左側連続　9
微分可能　12, 20
微分係数　13
微分積分学の基本定理　68
微分方程式　131
　　1 階線形——　135
　　2 階線形——　137
　　常——　131
　　偏——　131
不定積分　68
不連続　8
部分積分法　77
部分和　4, 123
フーリエ級数　122
フーリエ係数　122
分割　62
分点　62
平均値の定理　44
　　コーシーの——　46

索引

定積分に関する——　67
平均変化率　11
閉区間　1
ベータ関数　99
変曲点　53
変数分離形　134
偏微分方程式　131

マ 行

マクローリン級数　60
マクローリン展開　60
マクローリンの定理　58
右側極限値　9
右側連続　9
目（分割の）　62
面積　66

ユ

有界　4, 6
有理関数　78

ラ 行

ライプニッツの公式　56
ライプニッツの定理　119
ラグランジュの剰余項　57
リーマン和　62

連続　7
　区分的に——　127
　左側——　9
　不——　8
　右側——　9
ロピタルの定理　47
ロルの定理　42

ワ

和　4
　関数の——　15
　部分——　4, 123
　リーマン——　62

微分積分入門 － 1変数 －

検印省略	2004 年 10 月 30 日	第 1 版 発 行
	2009 年 3 月 10 日	第 5 版 発 行
	2023 年 1 月 25 日	第 5 版 8 刷発行

定価はカバーに表示してあります．

増刷表示について
2009 年 4 月より「増刷」表示を「版」から「刷」に変更いたしました．詳しい表示基準は弊社ホームページ
http://www.shokabo.co.jp/
をご覧ください．

編 者	山形大学 数理科学科
発行者	吉 野 和 浩
発行所	東京都千代田区四番町8-1 電話　　　03-3262-9166 株式会社　裳 華 房
印刷所	株式会社　精 興 社
製本所	株式会社　松 岳 社

JCOPY 〈出版者著作権管理機構 委託出版物〉
本書の無断複製は著作権法上での例外を除き禁じられています．複製される場合は，そのつど事前に，出版者著作権管理機構（電話03-5244-5088, FAX 03-5244-5089, e-mail: info@jcopy.or.jp）の許諾を得てください．

一般社団法人
自然科学書協会会員

ISBN 978-4-7853-1535-1

Ⓒ 山形大学数理科学科，2004　　Printed in Japan

微分積分読本 ―1変数―

小林昭七 著　Ａ５判／234頁／定価 2530円（税込）

微積分は大学の１年で学ぶ科目であるが決して易しい内容ではない．もし，ここで手を抜いてしまったら，続いて学ぶ多くの科目をきちんと理解することはできない．この悩みや不安を解消してくれるのが本書である．

微積分をすでに一通り学んだ読者を含めて，基本的定理をきちんと理解する必要がでてきた人や，数学的には厳密な本で学んでいるが理解に苦しんでいる人を対象に「微積分を厳密にしかも読みやすく」解説した．

【主要目次】 1. 実数と収束　2. 関数　3. 微分　4. 積分

続 微分積分読本 ―多変数―

小林昭七 著　Ａ５判／226頁／定価 2530円（税込）

姉妹書『微分積分読本 ―1変数―』と同じ執筆方針をとって，自習書として使えるように，証明はできるだけ丁寧に説明した．教育的な立場と物理への応用を考慮して，n 変数による一般論を避け，２変数と３変数の場合で解説した．

【主要目次】 1. 偏微分　2. 重積分　3. 曲面　4. 線積分，面積分，体積分の関係

微分積分リアル入門 ―イメージから理論へ―

髙橋秀慈 著　Ａ５判／256頁／定価 2970円（税込）

本書では微分積分学について「どうしてそのようなことを考えるのか」という動機から始め，数式や定理のもつ意味合いや具体例までを述べ，一方，今日完成された理論のなかでは必ずしも必要とならないような事柄も説明することによって，ひとつの数学理論が出来上がっていく過程や背景を追跡した．

ε-δ 論法のような難解とされる数学表現も「言葉」で解説し，直観的イメージを伝えながら，数式や定理の意義，重要性を述べた．

【主要目次】
第Ⅰ部 **基礎と準備**（不定形と無限小／微積分での論理／ε-δ 論法）
第Ⅱ部 **本論**（実数／連続関数／微分／リーマン積分／連続関数の定積分／広義積分／級数／テーラー展開）

本質から理解する 数学的手法

荒木　修・齋藤智彦 共著　Ａ５判／210頁／定価 2530円（税込）

大学理工系の初学年で学ぶ基礎数学について，「学ぶことにどんな意味があるのか」「何が重要か」「本質は何か」「何の役に立つのか」という問題意識を常に持って考えるためのヒントや解答を記した．話の流れを重視した「読み物」風のスタイルで，直感に訴えるような図や絵を多用した．

【主要目次】 1. 基本の「き」　2. テイラー展開　3. 多変数・ベクトル関数の微分　4. 線積分・面積分・体積積分　5. ベクトル場の発散と回転　6. フーリエ級数・変換とラプラス変換　7. 微分方程式　8. 行列と線形代数　9. 群論の初歩

裳華房ホームページ　https://www.shokabo.co.jp/